안녕~
만나서 반가워!

비와 비례에 대해
알려줄게~

준비됐지?!!

책의 구성

1 단원 소개

공부할 내용을 미리 알 수 있어요.
건너뛰지 말고 꼭 읽어 보세요.

2 개념 익히기

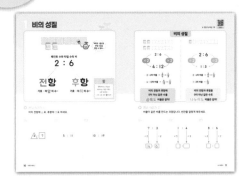

개념을 알기 쉽게 설명했어요.
동영상 강의도 보고,
개념을 익히는 문제도 풀어 보세요.

4 개념 마무리

익히고, 다진 개념을 마무리하는 문제예요.
배운 개념을 마무리해 보세요.

5 단원 마무리

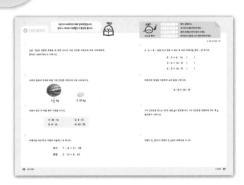

얼마나 잘 이해했는지 체크하는 문제입니다.
한 단원이 끝날 때 풀어 보세요.

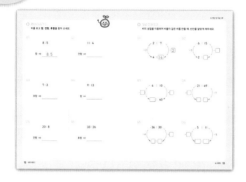

잠깐! 이 책을 보시는 어른들에게...

1. 비와 비례 2권은 비례식에 대한 책으로, 비의 성질부터 배우게 됩니다. 비는 같은 수를 곱하거나 나누어도 비율이 그대로라는 성질이 있지요. 이렇게 비율이 같은 비를 등호(=)로 연결해서 쓴 것이 바로 비례식입니다.

   이 책에서는 우리 생활과 아주 밀접한 관련이 있는 예시를 통해, 비례식의 의미를 폭넓게 이해할 수 있도록 설명합니다. 실제 거리를 일정한 비율로 축소하여 나타낸 지도와 큰 에펠탑을 똑같은 모양으로 크기만 작게 만든 모형은 비례식을 이용한 것이지요. 비례식을 세울 때에는 같은 종류끼리 혹은 같은 상황끼리 순서를 맞추어 쓰는 것이 중요합니다. 이 책을 통하여 아이들은 문장으로 주어진 비례 상황을 머릿속으로 그리면서 비례식을 세우는 훈련을 충분히 할 수 있을 것입니다.

2. 수학은 단순히 계산만 하는 것이 아니라 논리적인 사고를 하는 활동입니다. 그렇기 때문에 무작정 외운 공식은 문제 상황이 바뀌었을 때에 적용하기가 어렵습니다. 이 책에서는 개념을 충분히 이해하고 그것을 단계적으로 확장시킬 수 있도록 하였습니다. 학습을 한 후, 아이가 직접 주변의 소재를 활용하여 비율을 구하고 그 결과에 기초하여 자신의 생각을 논리적으로 이야기할 수 있도록 지도해 주세요. 이를 통하여 수학적 의사소통 능력을 기를 수 있습니다.

   마지막 단원에서 등장하는 정비례는 비와 비례의 학습을 종합하고 정리하는 최종 단계입니다. 비와 비율이 하나의 상황을 표현하고, 비례식이 두 상황을 표현한다면 정비례 관계는 변하는 모든 상황을 다룬다고 할 수 있습니다. 그리고 정비례와 반대되는 반비례 개념을 제시하여 또 다른 상황이 있을 수 있음을 이해할 수 있도록 하였습니다.

3. 이 책은 아이가 혼자서도 공부할 수 있도록 구성되어 있습니다. 그래서 문어체가 아닌 구어체를 주로 사용하고 있습니다. 먼저, 아이가 개념 부분을 공부할 때는 입 밖으로 소리 내서 읽을 수 있도록 지도해 주세요. 단순히 눈으로 보는 것에서 끝내지 않고, 설명하듯이 말하면, 내용을 효과적으로 이해하고 좀 더 오래 기억할 수 있을 것입니다.

 **약속해요**

공부를 시작하기 전에
친구는 나랑 약속할 수 있나요?

> 1. 바르게 앉아서 공부합니다.
>
> 2. 꼼꼼히 읽고, 개념 설명은 소리 내어 읽습니다.
>
> 3. 바른 글씨로 또박또박 씁니다.
>
> 4. 책을 소중히 다룹니다.

약속했으면 아래에 서명을 하고, 지금부터 잘 따라오세요~

이름 : _____

차례

⭐**1** , ⭐**2** , ⭐**3** 은 1권 내용입니다.

4 비례식

1. 비의 성질 ···················· 10

2. 가장 간단한 자연수의 비 ···················· 16

3. 분수와 소수의 비 ···················· 22

4. 비례식 ···················· 28

5. 비례식 세우기 (1) ···················· 34

6. 비례식 세우기 (2) ···················· 36

7. 비례식의 성질 ···················· 42

● 단원 마무리 ···················· 48

● 서술형으로 확인 ···················· 50

● 쉬어가기 ···················· 51

5 비례식의 활용

1. 축척 ···················· 54

2. 닮음 ···················· 60

3. 비로 나누기 ···················· 66

4. 비례배분 (1) ···················· 72

5. 비례배분 (2) ···················· 78

● 단원 마무리 ···················· 84

● 서술형으로 확인 ···················· 86

● 쉬어가기 ···················· 87

6

정비례와
반비례

1. 두 수 사이의 관계 ·· 90

2. 정비례의 뜻 ··· 92

3. 정비례 관계식 ·· 98

4. 반비례의 뜻 ··· 104

5. 반비례 관계식 ·· 110

● 단원 마무리 ·· 116

● 서술형으로 확인 ··· 118

● 쉬어가기 ··· 119

정답 및 해설 ·· 별책

4

비례식

$1 : 2$의 비율은 $\dfrac{1}{2}$

$10 : 20$의 비율은 $\dfrac{10}{20} = \dfrac{1}{2}$

비율이 같은 두 비를 살펴볼까?

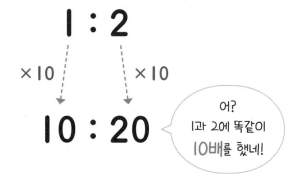

이렇게 **비율이 같은 두 비**를

하나의 **식**으로 쓸 수 있다는데~

지금부터 자세히 알아보자!

1 비의 성질

페인트 2통으로
타일 6장을
칠할 수 있어~

페인트 수와 타일 수의 비

2 : 6

전항

기호 : **의 앞**의 수~

후항

기호 : **의 뒤**의 수~

항

항목이라는 뜻인데
비에서는 식을 이루는
수를 의미해~
2와 6은 모두 **항**이야!

▶ 개념 익히기 1

비의 전항에 △표, 후항에 □표 하세요.

01

△4 : □7

02

5 : 11

03

10 : 19

▶ 정답 및 해설 1쪽

비의 성질

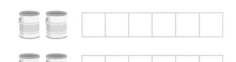

$2 : 6$

×2   ×2

$4 : 12$

- $2 : 6$의 비율 → $\dfrac{2}{6} = \dfrac{1}{3}$

- $4 : 12$의 비율 → $\dfrac{4}{12} = \dfrac{1}{3}$

비의 전항과 후항에
0이 아닌 같은 수를
곱해도 비율은 같아!

$2 : 6$

÷2   ÷2

$1 : 3$

- $2 : 6$의 비율 → $\dfrac{2}{6} = \dfrac{1}{3}$

- $1 : 3$의 비율 → $\dfrac{1}{3}$

비의 전항과 후항을
0이 아닌 같은 수로
나누어도 비율은 같아!

▶ 개념 익히기 2

비율이 같은 비를 만드는 과정입니다. 빈칸을 알맞게 채우세요.

01

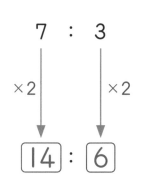

02

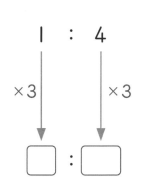

03

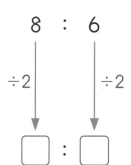

비를 보고 **항**, **전항**, **후항**을 찾아 쓰세요.

01

8 : 5

항 ➡ __8, 5__

02

11 : 4

전항 ➡ _____

03

7 : 3

후항 ➡ _____

04

9 : 13

항 ➡ _____

05

20 : 8

전항 ➡ _____

06

33 : 26

후항 ➡ _____

▶ 개념 다지기 2

비의 성질을 이용하여 비율이 같은 비를 만들 때, 빈칸을 알맞게 채우세요.

01

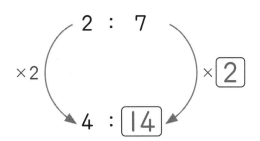

02

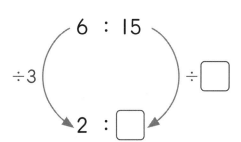

03

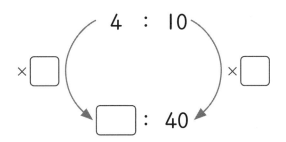

04

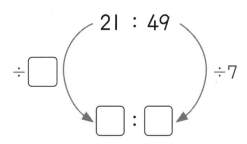

05

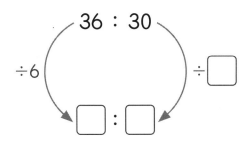

06

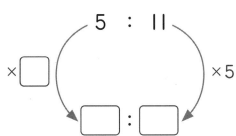

비율이 같은 비를 구하려고 합니다. 빈칸을 알맞게 채우세요.

01

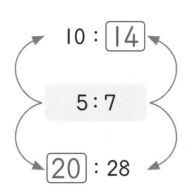

10 : $\boxed{14}$

5 : 7

$\boxed{20}$: 28

02

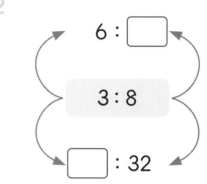

6 : $\boxed{}$

3 : 8

$\boxed{}$: 32

03

$\boxed{}$: 2

9 : 6

18 : $\boxed{}$

04

$\boxed{}$: 78

15 : 39

5 : $\boxed{}$

05

5 : $\boxed{}$

25 : 15

$\boxed{}$: 30

06

4 : $\boxed{}$

40 : 60

$\boxed{}$: 15

▶ 개념 마무리 2

비의 성질을 이용하여 주어진 비와 비율이 같은 비를 2개 쓰세요.

01

10 : 15

㉐ 2 : 3

20 : 30

02

6 : 18

_____

_____

03

12 : 9

_____

_____

04

24 : 40

_____

_____

05

1 : 11

_____

_____

06

2 : 16

_____

_____

2 가장 간단한 자연수의 비

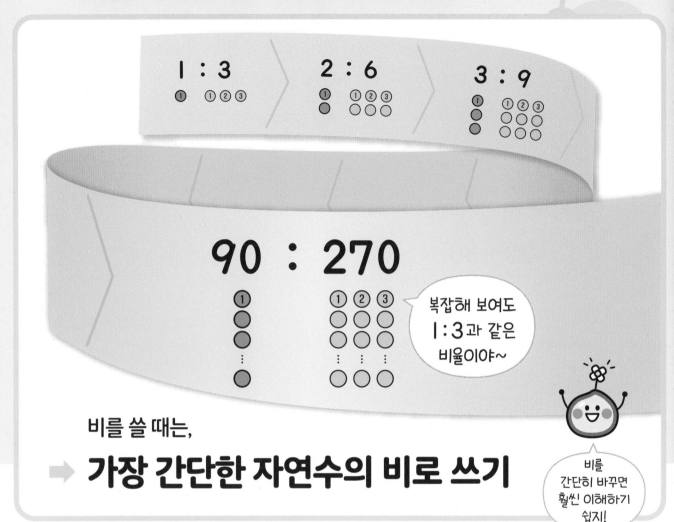

비를 쓸 때는,

➡ **가장 간단한 자연수의 비로 쓰기**

> 복잡해 보여도 1 : 3과 같은 비율이야~

> 비를 간단히 바꾸면 훨씬 이해하기 쉽지!

▶ 개념 익히기 1

가장 간단한 자연수의 비로 쓴 것에 V표 하세요.

01

3 : 7 ☑

300 : 700 ☐

02

22 : 55 ☐

2 : 5 ☐

03

9 : 4 ☐

90 : 40 ☐

▶ 정답 및 해설 2쪽

3202

가장 간단한 자연수의 비로 만드는 방법

72 : 180

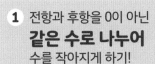

1 전항과 후항을 0이 아닌
같은 수로 나누어
수를 작아지게 하기!

÷9   ÷9

8 : 20

÷2   ÷2

÷36

4 : 10

÷2   ÷2

2 더 이상 나눌 수
없을 때까지 나누어,
최대공약수가 1이면
가장 간단한 자연수의 비!

2 : 5

최대공약수로
한방에 구할 수도 있어!

<최대공약수 구하는 방법>

```
9) 72  180
2)  8   20
2)  4   10
    2    5
```

$9 \times 2 \times 2 = 36$

36으로 나누면
한방에 가장 간단한
자연수의 비 2 : 5가
되네~

▶ 개념 익히기 2

가장 간단한 자연수의 비로 나타내세요.

01

2 : 8

➡ ☐1☐ : ☐4☐

02

15 : 9

➡ ☐ : ☐

03

10 : 35

➡ ☐ : ☐

가장 간단한 자연수의 비로 나타내는 과정입니다. 빈칸을 알맞게 채우세요.

01
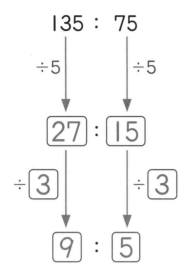

135 : 75
÷5   ÷5
27 : 15
÷3   ÷3
9 : 5

02
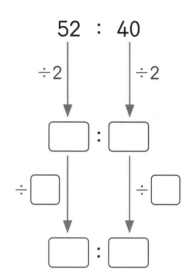

52 : 40
÷2   ÷2
□ : □
÷□   ÷□
□ : □

03
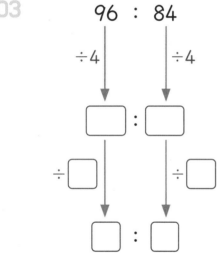

96 : 84
÷4   ÷4
□ : □
÷□   ÷□
□ : □

04
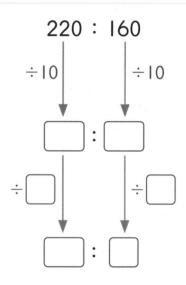

220 : 160
÷10   ÷10
□ : □
÷□   ÷□
□ : □

05
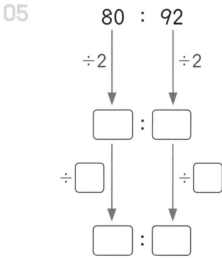

80 : 92
÷2   ÷2
□ : □
÷□   ÷□
□ : □

06
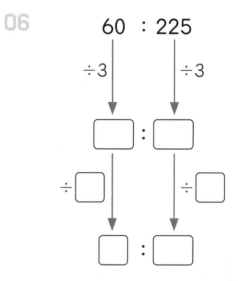

60 : 225
÷3   ÷3
□ : □
÷□   ÷□
□ : □

▶ 개념 다지기 2

전항과 후항의 최대공약수를 이용하여 가장 간단한 자연수의 비로 나타내세요.

01

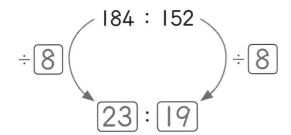

$$2\overline{)184 \quad 152}$$
$$2\overline{)\;92 \quad \;76}$$
$$2\overline{)\;46 \quad \;38}$$
$$\quad\; 23 \quad \;19$$

최대공약수: $2 \times 2 \times 2 = 8$

02

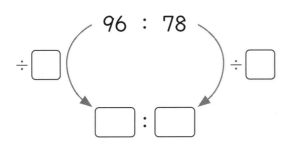

$$\overline{)96 \quad 78}$$

03

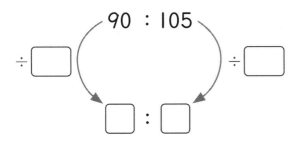

$$\overline{)90 \quad 105}$$

04

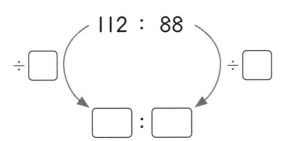

$$\overline{)112 \quad 88}$$

가장 간단한 자연수의 비로 나타내세요.

01

$70 : 28$ ➡ $5 : 2$

02

$64 : 96$ ➡

03

$54 : 36$ ➡

04

$48 : 60$ ➡

05

$150 : 75$ ➡

06

$132 : 84$ ➡

▶ 정답 및 해설 3~4쪽

▶ 개념 마무리 2

문장을 읽고 가장 간단한 자연수의 비로 나타내세요.

3203

01

진우네 학교 6학년은 504명이고, 그중에서 남학생은 210명입니다.

남학생 수와 여학생 수의 비

➡ ___5 : 7___

02

참돌고래의 무게는 80 kg이고, 남방큰돌고래의 무게는 230 kg입니다.

참돌고래의 무게와 남방큰 돌고래의 무게의 비

➡ _____

03

어린이 극장의 금요일 관객 수는 160명, 토요일 관객 수는 216명이었습니다.

금요일 관객 수와 토요일 관객 수의 비

➡ _____

04

멀리뛰기 기록이 한샘이는 140 cm이고, 선아는 210 cm입니다.

한샘이와 선아의 멀리뛰기 기록의 비

➡ _____

05

검은 바둑돌이 85개이고, 흰 바둑돌은 검은 바둑돌보다 15개 더 많습니다.

검은 바둑돌 수와 흰 바둑돌 수의 비

➡ _____

06

경주의 첨성대 높이가 약 900 cm인데, 첨성대 미니어처 높이는 12 cm입니다.

첨성대의 높이와 미니어처 높이의 비

➡ _____

3 분수와 소수의 비

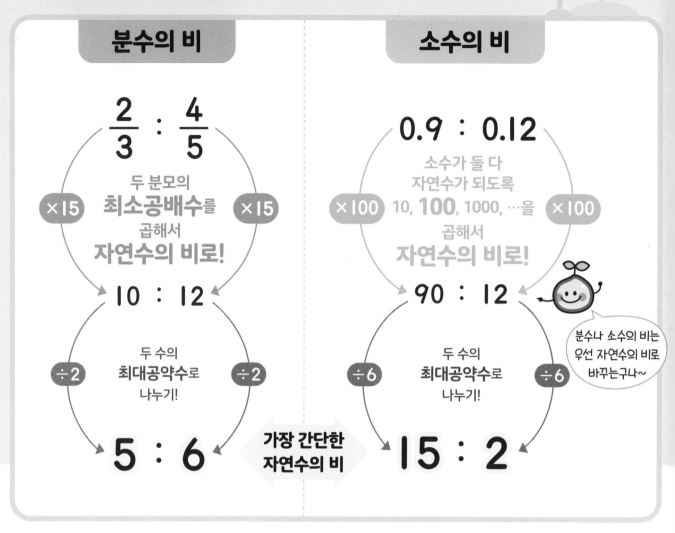

분수의 비	소수의 비

$$\frac{2}{3} : \frac{4}{5}$$

두 분모의 **최소공배수**를 곱해서 **자연수의 비로!**
×15   ×15

$$10 : 12$$

두 수의 **최대공약수**로 나누기!
÷2   ÷2

$$5 : 6$$

가장 간단한 자연수의 비

$$0.9 : 0.12$$

소수가 둘 다 자연수가 되도록 10, **100**, 1000, …을 곱해서 **자연수의 비로!**
×100   ×100

$$90 : 12$$

두 수의 **최대공약수**로 나누기!
÷6   ÷6

$$15 : 2$$

분수나 소수의 비는 우선 자연수의 비로 바꾸는구나~

▶ 개념 익히기 1

자연수의 비로 만들기 위해 전항과 후항에 곱해야 하는 가장 작은 수를 구하세요.

01

$$\frac{1}{6} : \frac{1}{5}$$

30

02

$$\frac{3}{8} : \frac{5}{12}$$

03

$$0.03 : 1.1$$

▶ 정답 및 해설 5쪽

3204

분수와 소수가 함께 있는 비

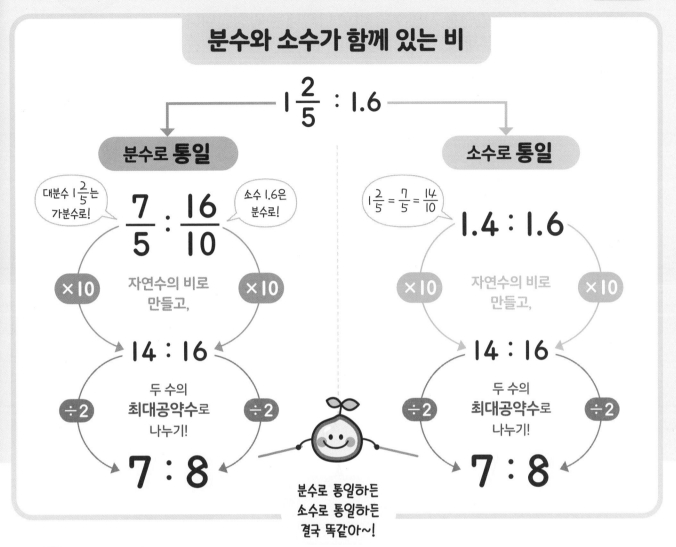

$$1\frac{2}{5} : 1.6$$

분수로 통일

대분수 $1\frac{2}{5}$는 가분수로!

$$\frac{7}{5} : \frac{16}{10}$$

소수 1.6은 분수로!

×10 자연수의 비로 만들고, ×10

$$14 : 16$$

÷2 두 수의 **최대공약수로** 나누기! ÷2

$$7 : 8$$

소수로 통일

$1\frac{2}{5} = \frac{7}{5} = \frac{14}{10}$

$$1.4 : 1.6$$

×10 자연수의 비로 만들고, ×10

$$14 : 16$$

÷2 두 수의 **최대공약수로** 나누기! ÷2

$$7 : 8$$

분수로 통일하든 소수로 통일하든 결국 똑같아~!

▶ 개념 익히기 2

빈칸을 알맞게 채우세요.

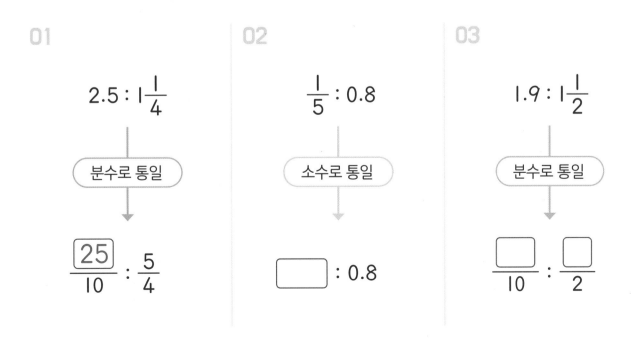

01

$$2.5 : 1\frac{1}{4}$$

분수로 통일

$$\frac{\boxed{25}}{10} : \frac{5}{4}$$

02

$$\frac{1}{5} : 0.8$$

소수로 통일

$$\boxed{} : 0.8$$

03

$$1.9 : 1\frac{1}{2}$$

분수로 통일

$$\frac{\boxed{}}{10} : \frac{\boxed{}}{2}$$

주어진 비를 가장 간단한 자연수의 비로 나타내는 과정입니다.
빈칸을 알맞게 채우세요.

01

$$\frac{6}{5} : \frac{2}{3}$$

↓ ↓

자연수의 비   18 : 10

↓ ↓

가장 간단한
자연수의 비   9 : 5

02

1.6 : 2.4

↓ ↓

자연수의 비   ☐ : 24

↓ ↓

가장 간단한
자연수의 비   ☐ : ☐

03

$$\frac{3}{4} : \frac{9}{10}$$

↓ ↓

자연수의 비   15 : ☐

↓ ↓

가장 간단한
자연수의 비   ☐ : ☐

04

0.35 : 0.07

↓ ↓

자연수의 비   ☐ : 7

↓ ↓

가장 간단한
자연수의 비   ☐ : ☐

05

$$\frac{7}{8} : 3\frac{1}{2}$$

↓ ↓

자연수의 비   ☐ : 28

↓ ↓

가장 간단한
자연수의 비   ☐ : ☐

06

1.8 : 0.54

↓ ↓

자연수의 비   ☐ : 54

↓ ↓

가장 간단한
자연수의 비   ☐ : ☐

▶ 개념 다지기 2

가장 간단한 자연수의 비로 나타내세요.

01
$$\frac{3}{5} : 0.8$$

➡   3 : 4

02
$$\frac{1}{2} : 1.5$$

➡ _____

03
$$\frac{9}{8} : 0.3$$

➡ _____

04
$$2.1 : 1\frac{3}{4}$$

➡ _____

05
$$1.05 : 1\frac{7}{20}$$

➡ _____

06
$$0.66 : \frac{19}{50}$$

➡ _____

▶ 개념 마무리 1

관계있는 것끼리 선으로 이으세요.

01
$\dfrac{3}{25}:0.34$

02
$1.4:1\dfrac{3}{4}$

03
$0.9:\dfrac{12}{5}$

04
$\dfrac{3}{50}:0.27$

28 : 35

12 : 34

6 : 27

9 : 24

2 : 9

4 : 5

3 : 8

6 : 17

 개념 마무리 2
공의 무게의 비를 가장 간단한 자연수의 비로 나타내세요.

럭비공 0.45 kg
야구공 0.14 kg
배구공 $\frac{7}{25}$ kg
농구공 0.6 kg
볼링공 $4\frac{1}{2}$ kg
축구공 $\frac{21}{50}$ kg

01

배구공 : 농구공

$$\frac{7}{25} : 0.6$$

➡ $7 : 15$

02

야구공 : 축구공

➡

03

럭비공 : 볼링공

➡

04

농구공 : 축구공

➡

4 비례식

$$1 : 2 = 4 : 8$$

양쪽이 '**같다**'는 뜻

이렇게 쓴 게 비례식이야!

예 $1 + 2 = 3$

1과 2의 합은   3과

같다

➡ **비례식은 등호 양쪽의 비가 같다는 의미!**

▶ 개념 익히기 1

비례식이 되도록 ○ 안에 알맞은 기호를 쓰세요.

01

$$5 : 3 = 10 \bigodot 6$$

02

$$1 : 4 \bigcirc 5 : 20$$

03

$$2 \bigcirc 7 = 6 : 21$$

▶ 정답 및 해설 8쪽

3205

비가 같다는 것의 의미

빨간 사과와
초록 사과의 비

두배

$1 : 2 = 4 : 8$

절반

비율 $\frac{1}{2}$

비율 $\frac{4}{8} = \frac{1}{2}$

비가 같다는 것은
비율이 같다는 의미!

비율이 같은 두 비를
등호 = 를 사용하여 나타낸 식

비례식

▶ **개념 익히기 2**

비율을 기약분수로 나타내고, 주어진 비와 비율이 같은 비에 ○표 하세요.

01

$2 : 6$ ➡ 비율: $\frac{1}{3}$

$6 : 12$ ➡ 비율: $\frac{1}{2}$

$(3 : 9)$ ➡ 비율: $\frac{1}{3}$

02

$3 : 15$ ➡ 비율:

$1 : 5$ ➡ 비율:

$15 : 30$ ➡ 비율:

03

$4 : 16$ ➡ 비율:

$8 : 40$ ➡ 비율:

$2 : 8$ ➡ 비율:

▶ 개념 다지기 1

빈칸에 알맞은 수를 쓰고, 주어진 비와 비례식을 만들 수 있는 비를
찾아 ○표 하세요.

01

5 : 1   (2 : 10)   4 : 24

02

24 : 8   36 : 9   10 : 5

03

4 : 20   8 : 16   6 : 24

04

20 : 10   28 : 7   9 : 3

05

3 : 15   4 : 16   7 : 21

06

54 : 9   40 : 8   36 : 4

▶ 개념 다지기 2

비례식을 만들 수 있는 두 비에 ○표 하고, 비례식으로 나타내세요.

01

| 3:1 |

$$1:3 = 2:6$$

(또는 2:6 = 1:3)

02

| 2:1   4:8   7:14 |

_____

03

| 2:8   3:12   5:10 |

_____

04

| 18:6   5:30   24:8 |

_____

05

| 2:10   7:35   10:2 |

_____

06

| 9:3   12:3   16:4 |

_____

▶ 개념 마무리 1

비례식을 만들 수 있는 비끼리 선으로 이으세요.

01 5 : 3 •   • 20 : 5

02 2 : 7 •   • 14 : 26

03 4 : 1 •   • 10 : 6

04 7 : 13 •   • 6 : 21

05 6 : 5 •   • 12 : 27

06 4 : 9 •   • 18 : 15

▶ 개념 마무리 2

문장을 읽고 옳은 것에 ○표, 옳지 않은 것에 ✕표 하세요.

01

비례식은 비율이 같은 두 비를 등호를 사용하여 나타낸 식입니다. (○)

02

2 : 3과 3 : 5로 비례식을 만들 수 있습니다. (   )

03

비의 전항과 후항에 0이 아닌 같은 수를 곱해도 비는 같습니다. (   )

04

2개의 비 사이에 등호를 쓰면 항상 비례식이 됩니다. (   )

05

비가 같다는 것은 비율이 같다는 뜻입니다. (   )

06

10 : 4와 5 : 2는 비율이 같습니다. (   )

5 비례식 세우기 (1)

닮은 두 상황은 비례식으로 쓸 수 있어!

상황 1

오리 배 **1**척에
사람 **3**명이 탈 수 있어요.

상황 2

오리 배 **20**척에
사람 **60**명이 탈 수 있어요.

$$1 : 3 = 20 : 60$$

배 1척에   3명!   배 20척에   60명!

두 상황이
서로 닮았어~

닮은 상황을 **같은 순서**로 쓰면 돼~

▶ 개념 익히기 1

두 상황을 보고 비례식으로 나타내세요.

01

상황 1 접시 1개에 떡이 3개

상황 2 접시 4개에 떡이 12개

➡ $1 : 3 = \boxed{4} : \boxed{12}$

02

상황 1 5명이 보트 1대

상황 2 15명이 보트 3대

➡ $5 : \boxed{} = \boxed{} : \boxed{}$

03

생수 900원

상황 1 생수 6병에 900원

상황 2 생수 12병에 1800원

➡ $6 : \boxed{} = \boxed{} : \boxed{}$

▶ 정답 및 해설 9쪽

순서를 바꾸어 또 다른 비례식 만들기

오리 배
먼저 사람
나중

1 : 3 = **2 : 6**

3 : 1 = **6 : 2**

사람
먼저 오리 배
나중

사람
먼저 오리 배
나중

비례식에서
전항은 **전항끼리**,
후항은 **후항끼리**
같은 것을 의미해!

사람
3 : 1 = 6 : 2 (○)
오리 배

3 : 1 = 2 : 6 (×)

▶ **개념 익히기 2**

순서를 바꾸어 또 다른 비례식을 만들 때, 빈칸을 알맞게 채우세요.

01

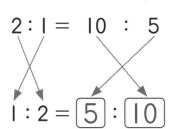

2 : 1 = 10 : 5

1 : 2 = 5 : 10

02

3 : 4 = 9 : 12

4 : 3 = ☐ : ☐

03

7 : 2 = 21 : 6

☐ : ☐ = 6 : 21

6 비례식 세우기 (2)

같은 종류끼리 비교해서 만드는 비례식!

| 상황 1 | 상자 **1**개에 | 멜론 **3**개가 들어있어요. |
| 상황 2 | 상자 **5**개에 | 멜론 **15**개가 들어있어요. |

상자 수의 비

멜론 수의 비

1 : 5

3 : 15

상자 수가
5배가 되면,

멜론 수도
5배가 되지!

비율이 같으니까
비례식으로 쓸 수 있지!

→ **1 : 5 = 3 : 15**

▶ 개념 익히기 1

두 상황을 보고 물음에 답하세요.

| 상황 1 | 사과 5개에 4000원입니다. |
| 상황 2 | 사과 10개에 8000원입니다. |

01

사과의 개수끼리 묶고, 비로 나타내세요.   5 : 10

02

가격끼리 묶고, 비로 나타내세요.

03

01, 02에서 만든 비를 이용하여 비례식을 쓰세요.

▶ 정답 및 해설 10쪽

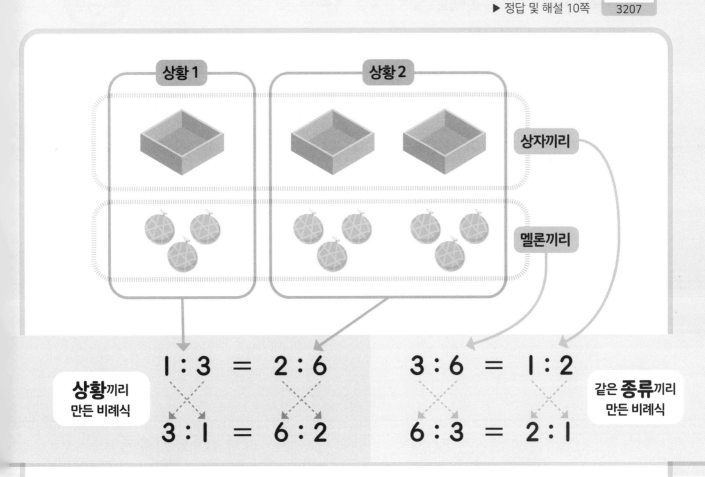

1 : 3 = 2 : 6

상황끼리
만든 비례식

3 : 1 = 6 : 2

3 : 6 = 1 : 2

같은 **종류**끼리
만든 비례식

6 : 3 = 2 : 1

닮은 상황에서 만들 수 있는 비례식은 **4개**!

▶ **개념 익히기 2**

닮은 상황을 보고 빈칸을 알맞게 채우세요.

01

구슬 5개에 2000원

구슬 1개에 400원

5 : 1 = 2000 : 400

02

설탕 1봉지는 3 kg

설탕 4봉지는 12 kg

1 : 4 = ☐ : ☐

03

고속버스 1대는 28석

고속버스 3대는 84석

1 : 28 = ☐ : ☐

빈칸을 알맞게 채우세요.

01

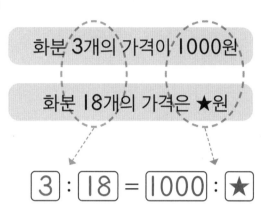

화분 3개의 가격이 1000원

화분 18개의 가격은 ★원

$\boxed{3} : \boxed{18} = \boxed{1000} : \boxed{★}$

02

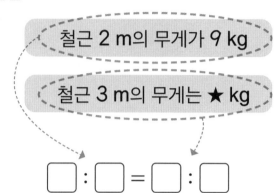

철근 2 m의 무게가 9 kg

철근 3 m의 무게는 ★ kg

$\boxed{} : \boxed{} = \boxed{} : \boxed{}$

03

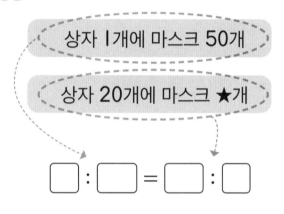

상자 1개에 마스크 50개

상자 20개에 마스크 ★개

$\boxed{} : \boxed{} = \boxed{} : \boxed{}$

04

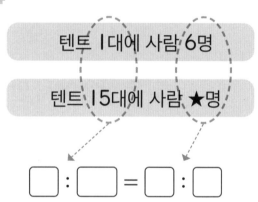

텐트 1대에 사람 6명

텐트 15대에 사람 ★명

$\boxed{} : \boxed{} = \boxed{} : \boxed{}$

05

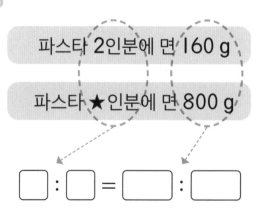

파스타 2인분에 면 160 g

파스타 ★인분에 면 800 g

$\boxed{} : \boxed{} = \boxed{} : \boxed{}$

06

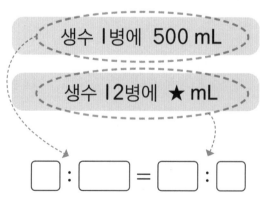

생수 1병에 500 mL

생수 12병에 ★ mL

$\boxed{} : \boxed{} = \boxed{} : \boxed{}$

▶ 개념 다지기 2

문장을 읽고 비례식 두 가지를 완성하세요.

01

떡볶이 2인분을 만드는 데 떡 300 g이 필요합니다.
떡볶이 ★인분을 만들려면 떡은 ■ g이 필요합니다.

상황끼리 만든 비례식

$2 : 300 = \boxed{★} : \boxed{■}$

종류끼리 만든 비례식

$2 : ★ = \boxed{} : \boxed{}$

02

종이 액자 2개를 만들려면 색종이 5장이 필요하고
종이 액자 ★개를 만들려면 색종이 ■장이 필요합니다.

상황끼리 만든 비례식

$2 : 5 = \boxed{} : \boxed{}$

종류끼리 만든 비례식

$\boxed{} : ★ = 5 : \boxed{}$

03

기름 5 L로 45 km를 갈 수 있는 자동차가 있습니다.
기름이 ★ L 남아있을 때, 이 자동차는 ■ km를 갈 수 있습니다.

상황끼리 만든 비례식

$5 : \boxed{} = ★ : \boxed{}$

종류끼리 만든 비례식

$5 : \boxed{} = 45 : \boxed{}$

04

3분 동안 18 L의 물이 나오는 수도를 사용하여
들이가 ★ L인 욕조에 물을 가득 채우려면 ■분이 걸립니다.

상황끼리 만든 비례식

$\boxed{} : 18 = ■ : \boxed{}$

종류끼리 만든 비례식

$3 : \boxed{} = \boxed{} : \boxed{}$

▶ 개념 마무리 1

관계있는 것끼리 선으로 이으세요.

01
키위 24개로 주스 10잔을 만들 때, 키위 60개로 주스 25잔을 만들 수 있습니다.

60 : 24 = 10 : 4

02
밀가루 100 g으로 과자 24개를 만들 때, 밀가루 250 g으로 같은 과자 60개를 만들 수 있습니다.

24 : 60 = 10 : 25

03
가로가 24 cm, 세로가 60 cm인 사진을 일정한 비율로 축소했을 때, 가로는 4 cm, 세로는 10 cm 입니다.

4 : 2.5 = 16 : 10

04
카레 4인분을 만들려면 카레 가루 100 g이 필요합니다. 카레 10인분을 만들려면 카레 가루는 250 g이 필요합니다.

100 : 250 = 24 : 60

05
자전거를 타고 4분 동안 일정한 빠르기로 2.5 km를 달렸습니다. 같은 빠르기로 10 km를 달리려면 16분이 걸립니다.

4 : 100 = 10 : 250

▶ 정답 및 해설 11~12쪽

▶ 개념 마무리 2

두 학생이 같은 상황을 보고 서로 다르게 비례식을 썼습니다.
빈칸을 알맞게 채우세요.

3209

01

가로가 6 cm, 세로가 5 cm인 직사각형을 일정한 비율로 확대하여 가로가 24 cm, 세로가 ★ cm가 되었어.

$6 : 5 = \boxed{24} : ★$

$6 : \boxed{24} = 5 : \boxed{★}$

02

한 봉지에 사탕을 3개씩 넣어서 포장할 때, 사탕 45개를 포장하려면 봉지는 ★개가 필요해.

$1 : 3 = ★ : \boxed{}$

$1 : \boxed{} = 3 : \boxed{}$

03

색종이 27장으로 종이 액자 12개를 만들었어. 같은 방법으로 종이 액자 4개를 만들 때, 사용한 색종이는 ★장이야.

$\boxed{} : 12 = ★ : 4$

$12 : \boxed{} = 4 : \boxed{}$

04

자전거로 2 km를 가는 데 18분이 걸렸어. 같은 빠르기로 7 km를 가면 ★분이 걸려.

$2 : \boxed{} = 7 : \boxed{}$

$\boxed{} : 2 = \boxed{} : 18$

05

노트 5권과 형광펜 8자루를 한 묶음으로 만들 때, 노트 10권에 필요한 형광펜은 ★자루야.

$5 : 10 = \boxed{} : ★$

$8 : \boxed{} = ★ : \boxed{}$

7 비례식의 성질

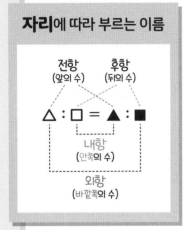

자리에 따라 부르는 이름

전항
(앞의 수)

후항
(뒤의 수)

△ : □ = ▲ : ■

내항
(안쪽의 수)

외항
(바깥쪽의 수)

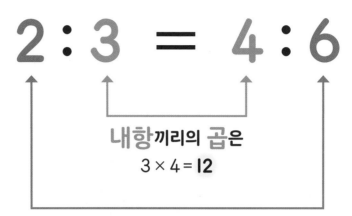

$$2 : 3 = 4 : 6$$

내항끼리의 **곱**은
$3 \times 4 = 12$

외항끼리의 **곱**과 같다!
$2 \times 6 = 12$

왜냐면~

전항과 후항에 같은 수를 곱해서
비율이 같은 두 비를 비례식으로 나타내면,

$$\triangle : \square = \triangle \times \star : \square \times \star$$

내항의 곱과 외항의 곱이
항상 같다는 걸 알 수 있어!

$$\square \times \triangle \times \star = \triangle \times \square \times \star$$

▶ 개념 익히기 1

화살표가 가리키는 항이 내항인지 외항인지 알맞게 쓰세요.

01

외항

$$2 : 5 = 8 : 20$$

02

$$7 : 15 = 14 : 30$$

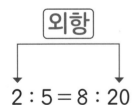

03

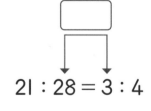

$$21 : 28 = 3 : 4$$

▶ 정답 및 해설 13쪽

 3210

식에서 □의 값을 구할 때

덧셈식

□ + 3 = 9

➡ □ = 9 − 3

곱셈식

□ × 2 = 6

➡ □ = 6 ÷ 2

그렇다면 **비례식**에서는?

문제 비례식에서 □의 값 구하기

$$3 : 7 = 5 : □$$

 비례식의 성질을 이용해서 구할 수 있어!

내항끼리 연결하고, 외항끼리 연결하면 헷갈리지 않을 거야~

내항의 곱은

$$3 : 7 = 5 : □$$

외항의 곱과 같다!

풀이 $7 × 5 = 3 × □$

$35 = 3 × □$

$□ = 35 ÷ 3 = \dfrac{35}{3}$

답 $□ = \dfrac{35}{3}$

▶ 개념 익히기 2

내항은 내항끼리, 외항은 외항끼리 선으로 연결하세요.

01

$$8 : 4 = 2 : 1$$

02

$$5 : 9 = 15 : 27$$

03

$$20 : 12 = 5 : 3$$

내항의 곱과 외항의 곱을 각각 구하세요.

01

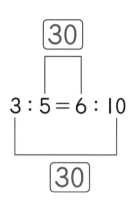

30

$3 : 5 = 6 : 10$

30

02

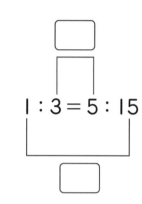

$1 : 3 = 5 : 15$

03

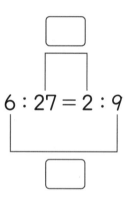

$6 : 27 = 2 : 9$

04

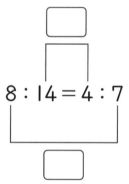

$8 : 14 = 4 : 7$

05

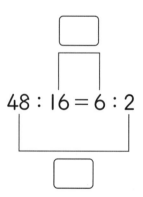

$48 : 16 = 6 : 2$

06

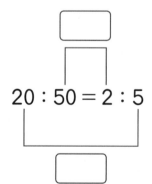

$20 : 50 = 2 : 5$

▶ 개념 다지기 2

비례식의 성질을 이용하여 ★의 값을 구하려고 합니다. 빈칸을 알맞게 채우세요.

01

9×30

$5 : 9 = 30 : ★$

$5 \times ★$

➡

$9 \times \boxed{30} = 5 \times ★$

$5 \times ★ = \boxed{270}$

$★ = \boxed{54}$

02

$★ : 8 = 15 : 20$

➡

$8 \times \boxed{} = ★ \times 20$

$★ \times 20 = \boxed{}$

$★ = \boxed{}$

03

$16 : 40 = ★ : 100$

➡

$40 \times ★ = \boxed{} \times 100$

$40 \times ★ = \boxed{}$

$★ = \boxed{}$

04

$10 : ★ = 50 : 15$

➡

$★ \times 50 = \boxed{} \times 15$

$★ \times 50 = \boxed{}$

$★ = \boxed{}$

빈칸을 알맞게 채우세요.

01

$$12 : 5 = 24 : \boxed{10}$$

02

$$20 : 24 = \boxed{} : 6$$

03

$$\boxed{} : 21 = 16 : 84$$

04

$$0.6 : \boxed{} = 2 : 7$$

05

$$75 : 100 = \boxed{} : 4$$

06

$$\frac{3}{4} : \frac{1}{5} = \boxed{} : 20$$

▶ 개념 마무리 2

구하려는 것을 □로 하여 비례식을 세우고, 답을 구하세요.

01 잡채 4인분을 만드는 데 당면 200 g이 필요합니다. 잡채 6인분을 만들려면 당면은 몇 g이 필요할까요?

비례식 $4 : 200 = 6 : □$

답   300   g

02 자동차를 타고 10분 동안 9 km를 갔습니다. 같은 빠르기로 27 km를 가려면 몇 분이 걸릴까요?

비례식   _____

답   _____ 분

03 식물원의 어린이 입장료와 어른 입장료의 비는 4 : 5입니다. 어린이 입장료가 2000원일 때, 어른 입장료는 얼마일까요?

비례식   _____

답   _____ 원

04 파란색과 노란색 물감을 2 : 3으로 섞어서 연두색 물감을 만들려고 합니다. 노란색 물감을 15 g 사용할 때, 파란색 물감은 몇 g이 필요할까요?

비례식   _____

답   _____ g

05 천연 염색을 할 때, 포도 껍질 50 g과 물 4 L를 사용합니다. 포도 껍질이 75 g 있다면 물은 몇 L가 필요할까요?

비례식   _____

답   _____ L

06 바닷물 5 L를 증발시켜 소금 160 g을 얻습니다. 바닷물 8 L를 증발시키면 소금 몇 g을 얻을 수 있을까요?

비례식   _____

답   _____ g

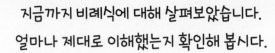

1

120 : 96의 전항과 후항을 한 번만 나누어 가장 간단한 자연수의 비로 나타내려면 얼마로 나눠야 하는지 구하시오.

2

수박과 참외의 무게의 비를 가장 간단한 자연수의 비로 나타내시오.

　$4\frac{1}{5}$ kg

　0.35 kg

3

비율이 같은 두 비를 찾아 기호를 쓰시오.

> ㉠ 30 : 16　　　　㉡ 8 : 15
> ㉢ 8 : 16　　　　㉣ 45 : 90

4

비례식을 바르게 쓴 사람의 이름에 ○표 하시오.

준서　　7 : 14 = 21 : 28

한샘　　2 : 10 = 8 : 40

▶ 정답 및 해설 15쪽

5

3 : 6 = 8 : 16을 보고 만들 수 있는 또 다른 비례식을 찾아 ◯표 하시오.

$$8 : 3 = 6 : 16 \quad (\qquad)$$

$$3 : 6 = 16 : 8 \quad (\qquad)$$

$$6 : 3 = 16 : 8 \quad (\qquad)$$

6

비례식의 성질을 이용하여 ★의 값을 구하시오.

$$4 : 6 = 14 : ★$$

7

국수 2인분을 만드는 데 면 180 g이 필요합니다. 국수 5인분을 만들려면 면은 몇 g 필요한지 구하시오.

8

전항이 5, 25이고 외항이 5, 60인 비례식을 쓰시오.

1 비를 가장 간단한 자연수의 비로 나타내는 과정입니다. 틀린 부분을 찾아 이유를 쓰고, 바르게 고쳐 보세요. (힌트 **17**쪽)

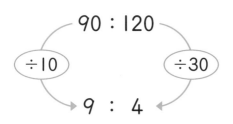

이유:

....

....

....

2 수 카드 **8** , **12** , **16** , **6** 을 이용하여 서로 다른 비례식 **4**개를 만들어 보세요. (힌트 **37**쪽)

....

....

....

3 **1**: □ = △ : **20**에서 □와 △가 될 수 있는 자연수를 **2**쌍 쓰세요.
(힌트 **42~43**쪽)

....

....

잠깐! 서술형으로 쓰기 어려워? 그럼 앞에서 배운 걸 떠올려 봐! 앞에서 찾아보고 적어도 좋아!

피라미드의 높이를 알아낸 탈레스

고대 그리스의 철학자이자 수학자인 탈레스는 이집트에 있는 피라미드의 높이를 최초로 알아냈어요.

그는 막대를 세워서 막대 그림자와 막대의 길이가 같아질 때까지 기다렸어요.

세운 막대와 막대 그림자의 길이가 같게 되는 시점에, 피라미드의 높이와 피라미드 그림자의 길이도

같게 될 테니까요. 탈레스는 이러한 원리로 피라미드의 높이를 알아내는 데 성공했답니다!

$$\left(막대의 길이\right) : \left(\begin{array}{c}막대의\\그림자 길이\end{array}\right) = \left(\begin{array}{c}피라미드의\\높이\end{array}\right) : \left(\begin{array}{c}피라미드의\\그림자 길이\end{array}\right)$$

두 그림에서 서로 다른 곳 5군데를 찾아보세요.

〈정답〉

비례식의 활용

앞에서 배운 비례식의 성질을 이용하면
실생활에 관련된 문제도 해결할 수 있어!

또한,
전체를 똑같이 나누지 않고
주어진 비로 나누는 상황에서도
식을 세워서 계산할 수 있지!

비례식의 활용 문제를
다양한 방법으로 해결해 보자~

1 축척

마을에서 **실제 거리** 이~만큼이

지도에서는 요만큼!

축척

줄어들다   길이, 자

'길이를 줄인 정도'

뜻 **지도에서의 거리와
실제 거리의 비율**

축척을 나타내는 방법

❶ 비

1 : 10000

지도에서   실제로는
1 cm가   10000 cm

❷ 분수

$$\frac{1}{10000}$$

지도에서 1 cm가

실제로는
10000 cm

❸ 막대

0   100 m

지도에서
막대 길이가

실제로는
100 m

▶ 개념 익히기 1

축척을 보고 빈칸을 알맞게 채우세요.

01

$$\frac{1}{20000}$$

지도에서 1 cm가

실제로는

| 20000 | cm

02

1 : 1000

지도에서

☐ cm가

실제로는

☐ cm

03

0   500 m

지도에서
막대 길이가

실제로는

☐ m

▶ 정답 및 해설 16쪽

문제

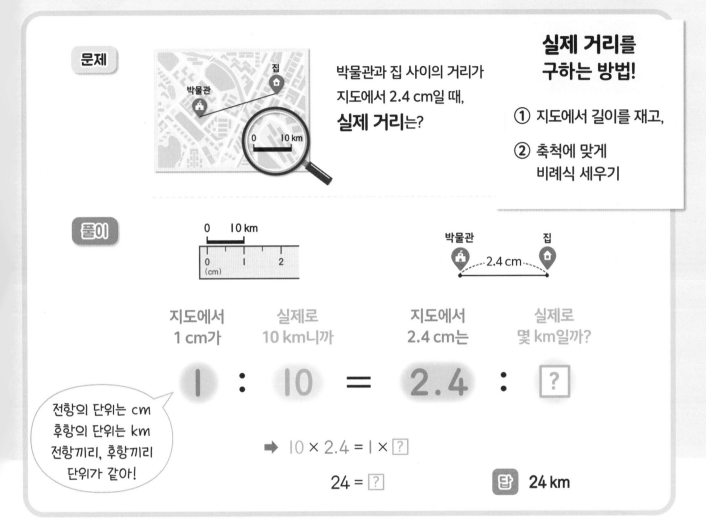

박물관과 집 사이의 거리가
지도에서 2.4 cm일 때,
실제 거리는?

실제 거리를
구하는 방법!

① 지도에서 길이를 재고,

② 축척에 맞게
비례식 세우기

풀이

지도에서
1 cm가

실제로
10 km니까

지도에서
2.4 cm는

실제로
몇 km일까?

$$1 : 10 = 2.4 : \boxed{?}$$

전항의 단위는 cm
후항의 단위는 km
전항끼리, 후항끼리
단위가 같아!

➡ $10 \times 2.4 = 1 \times \boxed{?}$

$24 = \boxed{?}$

답 24 km

▶ 개념 익히기 2

축척 막대의 길이를 보고, 지도에서의 거리와 실제 거리의 비를 나타내세요.

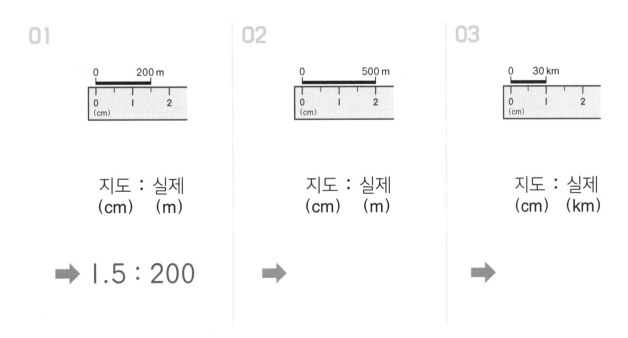

01

지도 : 실제
(cm)　(m)

➡ 1.5 : 200

02

지도 : 실제
(cm)　(m)

➡

03

지도 : 실제
(cm)　(km)

➡

축척과 그 뜻을 보고 빈칸을 알맞게 채우세요.

01

☐ : 10000

⬇

뜻 지도에서 1 cm가

실제로는 ☐ cm

02

────1────
☐

⬇

뜻 지도에서 ☐ cm가

실제로는 20000 cm

03

☐ : ☐

⬇

뜻 지도에서 1 cm가

실제로는 5000 cm

04

1 : ☐

⬇

뜻 지도에서 ☐ cm가

실제로는 30000 cm

05

0 ☐ m

0 1 2
(cm)

⬇

뜻 지도에서 ☐ cm가

실제로는 100 m

06

0 500 m

0 1 2
(cm)

⬇

뜻 지도에서 ☐ cm가

실제로는 ☐ m

3213

▶ 개념 다지기 2

지도에 대한 설명을 보고 축척이 같은 것끼리 V표 하세요.

01

- 지도에서 1 cm가 실제 4000 cm인 지도 ☑

- 실제 2000 cm를 2 cm로 나타낸 지도 ☐

- 축척이 $\dfrac{1}{4000}$ 인 지도 ☑

02

- 실제 60000 cm를 2 cm로 나타낸 지도 ☐

- 축척이 1:30000인 지도 ☐

- 축척이 $\dfrac{1}{60000}$ 인 지도 ☐

03

- 축척이 1:80000인 지도 ☐

- 지도에서 4 cm가 실제 80000 cm인 지도 ☐

- 실제 20000 cm를 1 cm로 나타낸 지도 ☐

04

- 지도에서 2 cm가 실제 50 km인 지도 ☐

- 실제 50 km를 1 cm로 나타낸 지도 ☐

- 축척 막대가 ┌ 0 ─ 25 km ─┐ 인 지도 ☐
  (0 ─ 1 (cm))

05

- 실제 100 m를 5 cm로 나타낸 지도 ☐

- 지도에서 1 cm가 실제 250 m인 지도 ☐

- 축척 막대가 ┌ 0 ────── 500 m ┐ 인 지도 ☐
  (0 ─ 1 ─ 2 (cm))

▶ 개념 마무리 1

구하려는 거리를 □로 하여 비례식을 세우고, 답을 구하세요.

01

$\underset{0 \quad 50}{\rule{2cm}{0.5pt}}$ m 의 막대 길이가 1 cm인 지도가 있습니다. 실제 거리 950 m는 지도에서 몇 cm일까요?

비례식 $1 : 50 = \square : 950$ 답   cm

02

축척이 $\dfrac{1}{3000}$인 지도에서 5 cm인 거리는 실제로 몇 cm일까요?

비례식   답   cm

03

축척이 1 : 20000인 지도에서 2.5 cm인 거리는 실제로 몇 cm일까요?

비례식   답   cm

04

실제 거리 6000 cm는 축척이 1 : 1500인 지도에서 몇 cm일까요?

비례식   답   cm

05

$\underset{0 \quad \quad 10}{\rule{2.5cm}{0.5pt}}$ km 의 막대 길이가 2 cm인 지도가 있습니다. 지도에서 6 cm인 거리는 실제로 몇 km일까요?

비례식   답   km

06

실제 거리 120000 cm는 축척이 1 : 40000인 지도에서 몇 cm일까요?

비례식   답   cm

▶ 개념 마무리 2

축척이 1 : 20000인 수목원 지도입니다. 자를 이용하여 지도에서의 거리를 재어 보고, 실제 거리는 몇 cm인지 구하세요.

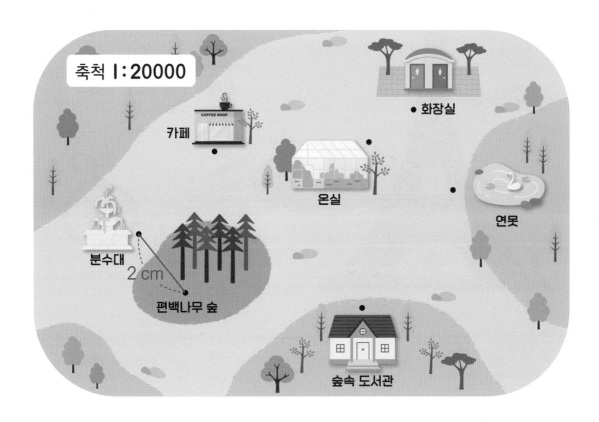

01 편백나무 숲과 분수대

| 지도에서의 거리 | 2 | cm |
| 실제 거리 | 40000 | cm |

02 숲속 도서관과 연못

| 지도에서의 거리 | | cm |
| 실제 거리 | | cm |

03 화장실과 온실

| 지도에서의 거리 | | cm |
| 실제 거리 | | cm |

04 카페와 분수대

| 지도에서의 거리 | | cm |
| 실제 거리 | | cm |

2 닮음

모형
실제의 것을 일정한 비율로 줄여서 만든 것

실제 에펠탑
높이 약 320 m
폭 약 120 m

모형 에펠탑
높이 8 cm
폭 3 cm

닮은 두 상황이니까 비례식을 만들 수 있어~

| 폭 : 높이 | 120 : 320 = 3 : 8 |
| 실제 : 모형 | 320 : 8 = 120 : 3 |

▶ 개념 익히기 1

주어진 그림을 일정한 비율로 줄여서 만든 그림에 ○표, 아닌 그림에 ✕표 하세요.

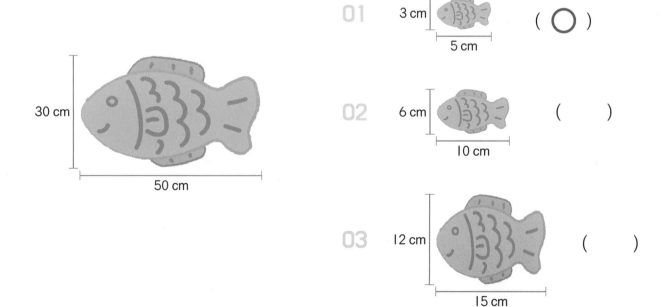

01 3 cm 5 cm (○)

30 cm 50 cm

02 6 cm 10 cm (　)

03 12 cm 15 cm (　)

▶ 정답 및 해설 20쪽

3214

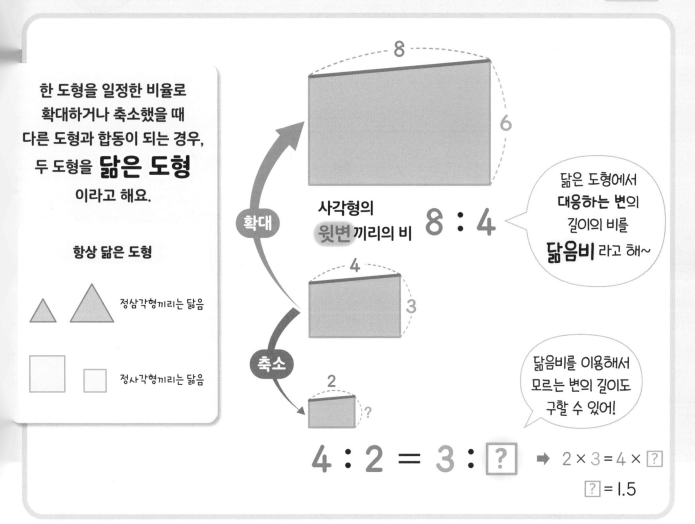

한 도형을 일정한 비율로 확대하거나 축소했을 때 다른 도형과 합동이 되는 경우, 두 도형을 **닮은 도형** 이라고 해요.

항상 닮은 도형

정삼각형끼리는 닮음

정사각형끼리는 닮음

확대

사각형의
윗변 끼리의 비

$8 : 4$

닮은 도형에서 **대응하는 변의** 길이의 비를 **닮음비** 라고 해~

축소

닮음비를 이용해서 모르는 변의 길이도 구할 수 있어!

$4 : 2 = 3 : \boxed{?}$ ➡ $2 \times 3 = 4 \times \boxed{?}$

$\boxed{?} = 1.5$

▶ 개념 익히기 2

닮은 두 도형에서 초록색 선으로 표시된 변과 대응하는 변을 찾아 표시하세요.

01

02

03

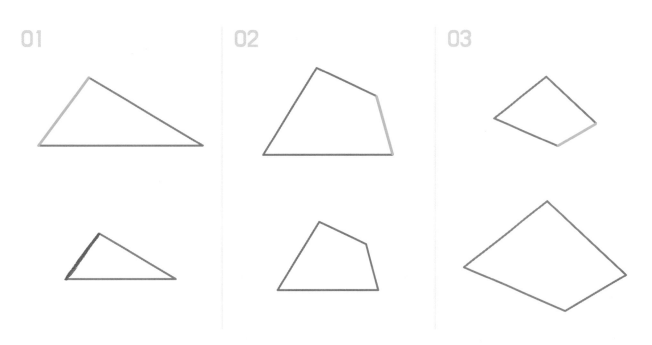

▶ 개념 다지기 1

닮은 두 도형을 보고 ㉮와 ㉯의 닮음비를 가장 간단한 자연수의 비로
나타내세요.

01

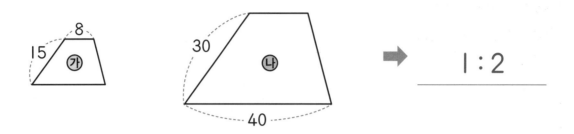

➡ 1 : 2

02

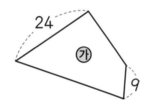 

➡ _____

03

 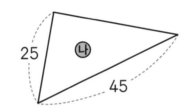

➡ _____

04

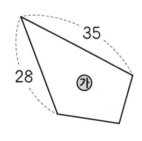 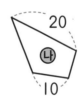

➡ _____

05

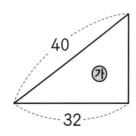 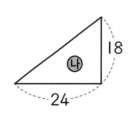

➡ _____

▶ 개념 다지기 2

닮음비를 이용하여 비례식을 세웠습니다. 빈칸을 알맞게 채우세요.

01

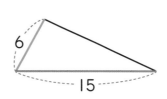

➡ 10 : 6 = [25] : [15]

02

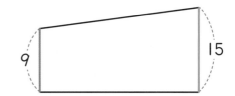

➡ 3 : 9 = ☐ : ☐

03

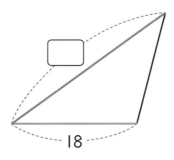

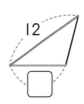

➡ 18 : 8 = 27 : ☐

04

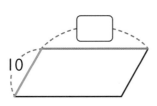

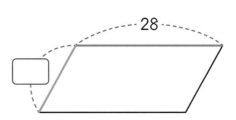

➡ 20 : 28 = ☐ : 14

▶ 개념 마무리 1

닮은 도형을 보고 닮음비를 이용한 비례식을 세우고, □의 값을 구하세요.

3215

01

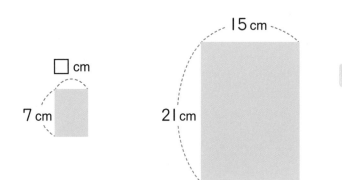

비례식 $7 : 21 = □ : 15$

$□ = \quad 5$

02

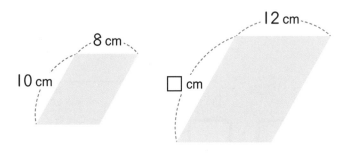

비례식 _____

$□ = $ _____

03

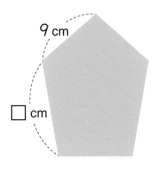

비례식 _____

$□ = $ _____

04

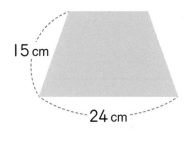

비례식 _____

$□ = $ _____

▶ 개념 마무리 2

액자가 모두 서로 닮은 도형으로 직사각형 모양일 때, 빈칸을 알맞게 채우세요.

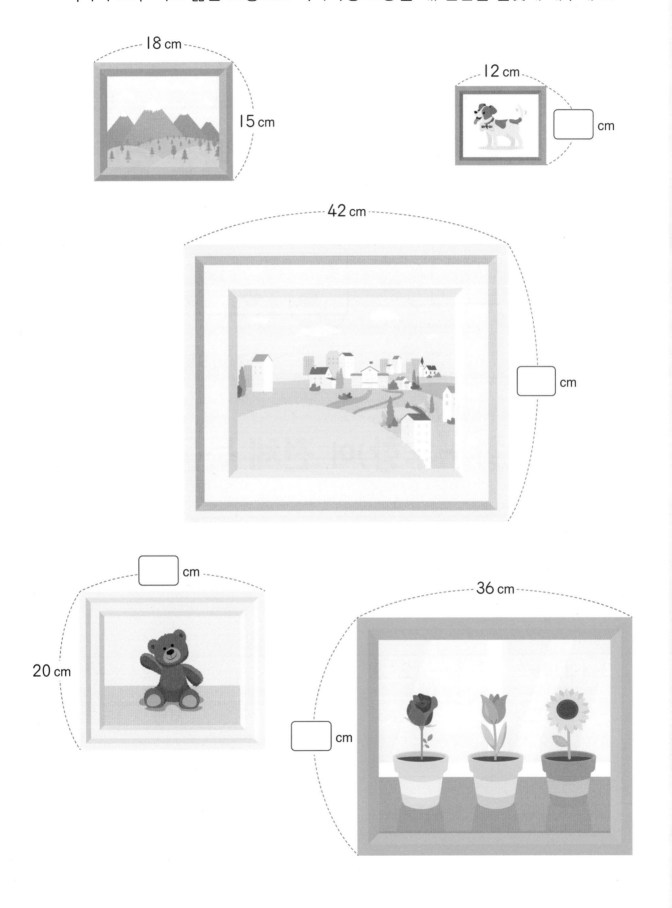

3 비로 나누기

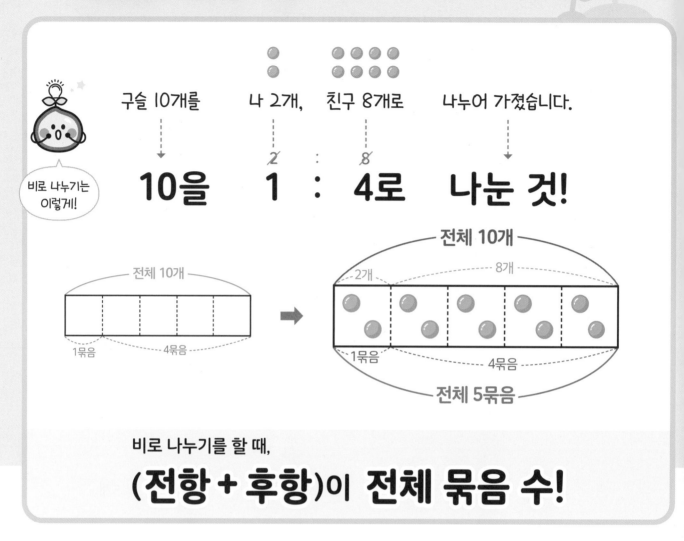

구슬 10개를　나 2개, 친구 8개로　나누어 가졌습니다.

10을　1 : 4로　나눈 것!

비로 나누기는 이렇게!

전체 10개

1묶음　4묶음

전체 10개
2개　8개
1묶음　4묶음
전체 5묶음

비로 나누기를 할 때,

(전항 + 후항)이 전체 묶음 수!

▶ 개념 익히기 1

빈칸을 알맞게 채우고, 주어진 비로 막대를 나누어 보세요.

01

3 : 1로 나누기

전체 4 묶음

02

2 : 3으로 나누기

전체 ☐ 묶음

03

1 : 5로 나누기

전체 ☐ 묶음

▶ 정답 및 해설 22쪽

3216

문제 구슬 60개를 친구와 내가 **3 : 1** 로 나누어 가진다면,
친구가 가지는 구슬은 몇 개일까요?

3:1로 나누니까
전체 묶음 수는
3+1=4야~

풀이

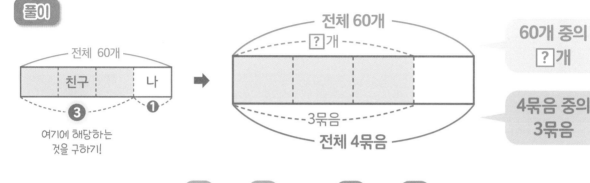

전체 60개
[?]개
60개 중의
[?]개

3묶음
전체 4묶음
4묶음 중의
3묶음

전체 60개
친구 | 나
3 | **①**
여기에 해당하는
것을 구하기!

▶ **비례식 세우기**

전체 | 친구 | 전체 | 친구

$60_{개} : \boxed{?}_{개} = 4_{묶음} : 3_{묶음}$

$\boxed{?} \times 4 = 60 \times 3$

$\boxed{?} \times 4 = 180$

$\boxed{?} = 45$

답 45개

▶ 개념 익히기 2

전체를 주어진 비로 나눌 때, 색칠한 부분을 보고 빈칸을 알맞게 채우세요.

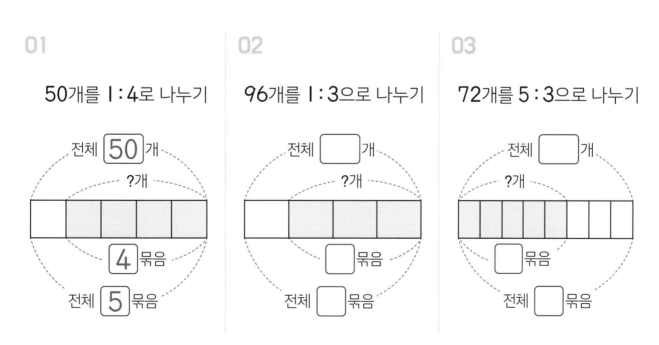

01

50개를 1 : 4로 나누기

전체 [50]개
?개
[4]묶음
전체 [5]묶음

02

96개를 1 : 3으로 나누기

전체 [ ]개
?개
[ ]묶음
전체 [ ]묶음

03

72개를 5 : 3으로 나누기

전체 [ ]개
?개
[ ]묶음
전체 [ ]묶음

그림을 보고 빈칸을 알맞게 채우세요.

01

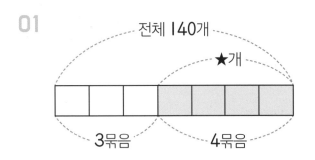

140개 중의 ★개는

7 묶음 중의 4 묶음

02

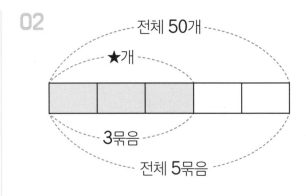

☐개 중의 ★개는

5묶음 중의 ☐묶음

03

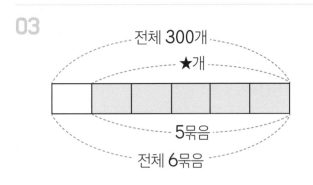

300개 중의 ★개는

☐묶음 중의 ☐묶음

04

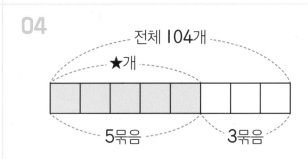

☐개 중의 ★개는

☐묶음 중의 5묶음

05

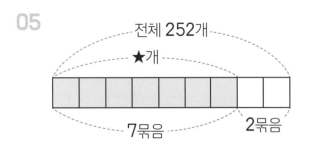

☐개 중의 ★개는

9묶음 중의 ☐묶음

06

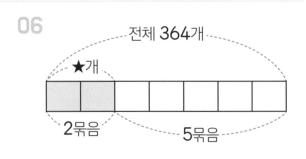

364개 중의 ★개는

☐묶음 중의 ☐묶음

▶ 정답 및 해설 22쪽

▶ 개념 다지기 2

그림을 보고 전체와 ♥의 비를 이용한 비례식을 세워 보세요.

01

전체 48개
♥개
4묶음
전체 6묶음

$$48 : ♥ = 6 : 4$$

02

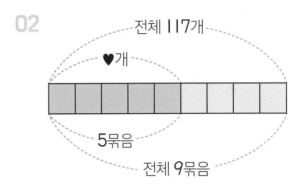

전체 117개
♥개
5묶음
전체 9묶음

03

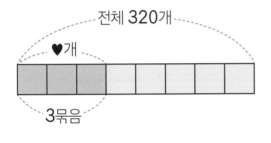

전체 320개
♥개
3묶음

04

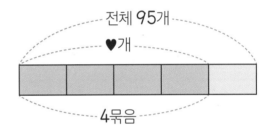

전체 95개
♥개
4묶음

05

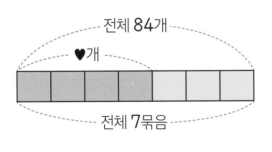

전체 84개
♥개
전체 7묶음

06

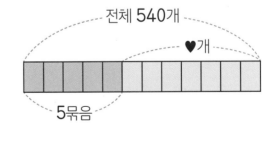

전체 540개
♥개
5묶음

▶ 개념 마무리 1

막대를 비로 나누어 표시하고, 전체와 ▲의 비를 이용한 비례식을 세워 보세요.

01 젤리 **35**개를 친구와 내가 **3 : 4**로 나누어 가질 때, 친구가 가지는 젤리는 ▲개입니다.

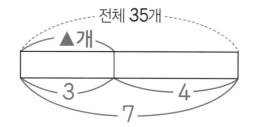

➡ 35 : ▲ = 7 : 3

02 하준이네 반 학생 수는 **27**명이고 여학생과 남학생의 비가 **5 : 4**일 때, 하준이네 반의 남학생은 ▲명입니다.

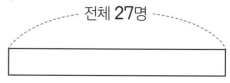

➡ _____

03 자두 **32**개를 채연이와 준서가 **3 : 5**로 나누어 가질 때, 준서가 가지는 자두는 ▲개입니다.

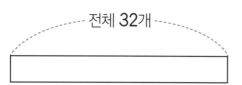

➡ _____

04 길이가 **60 cm**인 막대를 **5 : 7**로 나누어 자를 때, 길이가 짧은 막대의 길이는 ▲ cm입니다.

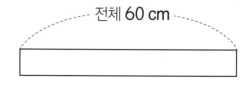

➡ _____

05 흰 바둑돌과 검은 바둑돌이 **2 : 3**이고, 전체가 **165**개일 때, 흰 바둑돌은 ▲개입니다.

전체 [   ]개

➡ _____

06 **4500**원짜리 선물을 사기 위해 예은이와 준혁이가 **2 : 1**로 돈을 모을 때, 준혁이는 ▲원을 냈습니다.

전체 [   ]원

➡ _____

▶ 정답 및 해설 23~24쪽

▶ 개념 마무리 2

구하려는 것을 □로 하여 비례식을 세우고, 답을 구하세요.

01

공책 63권을 한샘이와 진우가 **4 : 5**로 나누어 가지려고 합니다. 한샘이가
가지는 공책은 몇 권일까요?

□

비례식 $63 : \square = 9 : 4$ 답   28   권

02

키위 **25**개를 윗집과 아랫집에 **2 : 3**으로 나누어 주려고 합니다. 아랫집에
주는 키위는 몇 개일까요?

비례식   답   개

03

하루는 **24**시간입니다. 어느 날의 낮과 밤의 길이의 비가 **7 : 5**라면 낮은
몇 시간일까요?

비례식   답   시간

04

5000원을 수아와 동생이 **3 : 2**로 나누어 가지려고 합니다. 수아는 얼마를
가지게 될까요?

비례식   답   원

05

구슬 **143**개를 **4 : 7**로 나눌 때, 더 많은 쪽의 구슬은 몇 개일까요?

비례식   답   개

4 비례배분 (1)

비로 나누는 또 다른 방법

문제 구슬 60개를 친구와 내가 3 : 1로 나누어 가진다면,
친구가 가지는 구슬은 몇 개일까요?

풀이

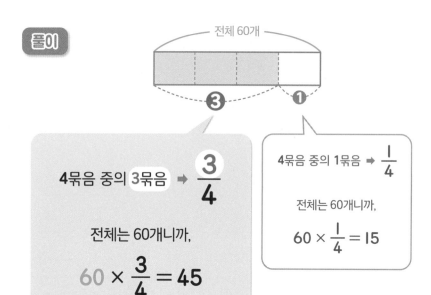

전체를 비로 배분하는 것을
비례배분이라고 해!

(비) 비에 맞춰서

(례) 차례로

(배분) 나누어 주는 것

▶ 개념 익히기 1

색칠한 부분이 전체의 얼마인지 빈칸에 알맞게 쓰세요.

01

전체의 $\dfrac{2}{5}$

02

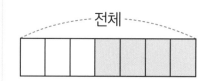

전체의 $\dfrac{\Box}{\Box}$

03

전체의 $\dfrac{\Box}{\Box}$

▶ 정답 및 해설 25쪽

비례배분하는 식

전체를  로 나눌 때

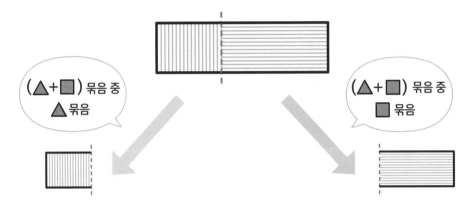

(△+■) 묶음 중
△ 묶음

(△+■) 묶음 중
■ 묶음

▶ 개념 익히기 2

빈칸을 알맞게 채우세요.

01

전체를 5 : 4로 나눌 때,
5에 해당하는 양

$(\text{전체}) \times \dfrac{5}{\boxed{5} + \boxed{4}}$

02

전체를 2 : 3으로 나눌 때,
3에 해당하는 양

$(\text{전체}) \times \dfrac{3}{\boxed{} + \boxed{}}$

03

전체를 7 : 5로 나눌 때,
7에 해당하는 양

$(\text{전체}) \times \dfrac{7}{\boxed{} + \boxed{}}$

막대를 주어진 비로 나누어 해당하는 만큼 색칠하고, 빈칸을 알맞게
채우세요.

01
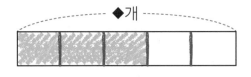
◆개를 3 : 2로 나눌 때,
3에 해당하는 양

➡ ◆ × $\dfrac{3}{5}$

02

♥개를 1 : 4로 나눌 때,
4에 해당하는 양

➡ ♥ × $\dfrac{\square}{\square}$

03
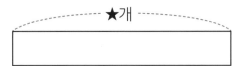
★개를 2 : 5로 나눌 때,
2에 해당하는 양

➡ ★ × $\dfrac{\square}{\square}$

04

■개를 3 : 1로 나눌 때,
1에 해당하는 양

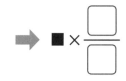

➡ ■ × $\dfrac{\square}{\square}$

05

●개를 7 : 2로 나눌 때,
2에 해당하는 양

➡ ● × $\dfrac{\square}{\square}$

06
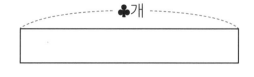
♣개를 5 : 3으로 나눌 때,
5에 해당하는 양

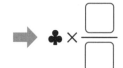

➡ ♣ × $\dfrac{\square}{\square}$

▶ 개념 다지기 2

비례배분하는 방법입니다. 빈칸을 알맞게 채우세요.

01 20을 3 : 2로 나누기

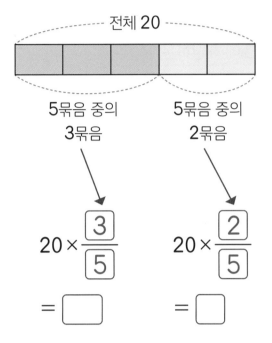

02 36을 2 : 7로 나누기

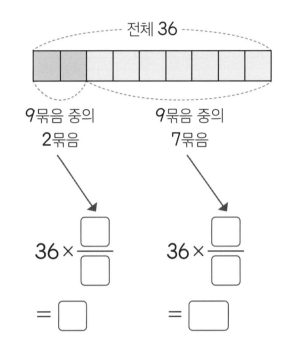

03 44를 7 : 4로 나누기

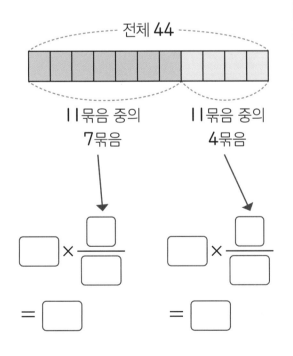

04 56을 4 : 3으로 나누기

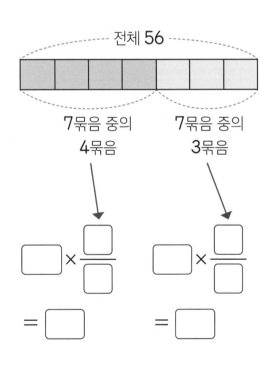

주어진 수를 비로 나누어 보세요.

01 33을 ④ : ⑦ 로 나누기

┌ 4 에 해당하는 양: $33 \times \dfrac{4}{\boxed{11}} = \boxed{}$

└ 7 에 해당하는 양: $33 \times \dfrac{7}{\boxed{11}} = \boxed{}$

02 72를 ⑤ : ③ 으로 나누기

┌ 5 에 해당하는 양: $72 \times \dfrac{\boxed{}}{\boxed{}} = \boxed{}$

└ 3 에 해당하는 양: $72 \times \dfrac{\boxed{}}{\boxed{}} = \boxed{}$

03 65를 ⑦ : ⑥ 으로 나누기

┌ 7 에 해당하는 양: $65 \times \dfrac{\boxed{}}{\boxed{}} = \boxed{}$

└ 6 에 해당하는 양: $65 \times \dfrac{\boxed{}}{\boxed{}} = \boxed{}$

04 20을 ⑨ : ① 로 나누기

┌ 9 에 해당하는 양: $\boxed{} \times \dfrac{\boxed{}}{\boxed{}} = \boxed{}$

└ 1 에 해당하는 양: $\boxed{} \times \dfrac{\boxed{}}{\boxed{}} = \boxed{}$

05 42를 ③ : ④ 로 나누기

┌ 3 에 해당하는 양:

└ 4 에 해당하는 양:

06 51을 ⑧ : ⑨ 로 나누기

┌ 8 에 해당하는 양:

└ 9 에 해당하는 양:

▶ 정답 및 해설 26쪽

▶ 개념 마무리 2

물음에 답하세요.

3219

01 귤 90개를 예지와 슬찬이가 **7 : 8**로 나누어 가지려고 합니다.

(1) 예지와 슬찬이가 가지는 귤은 각각 전체의 몇 분의 몇일까요?

예지 $\dfrac{7}{15}$ 슬찬 $\dfrac{8}{15}$

(2) 예지가 가지는 귤은 몇 개일까요?

식 _____

답 _____ 개

02 3000원을 언니와 동생이 **7 : 3**으로 나누어 가지려고 합니다.

(1) 언니와 동생이 가지는 돈은 각각 전체의 몇 분의 몇일까요?

언니 _____   동생 _____

(2) 동생이 가지는 돈은 얼마일까요?

식 _____

답 _____ 원

03 아인이네 학교 6학년은 154명이고, 남학생과 여학생 수의 비는 6 : 5입니다. 이때, 남학생은 몇 명일까요?

식 _____

답 _____ 명

04 된장과 고추장을 3 : 2로 섞어서 쌈장을 만들려고 합니다. 쌈장 450 g을 만들려면 고추장은 몇 g을 넣어야 할까요?

식 _____

답 _____ g

05 가로와 세로의 비가 5 : 9이고, 둘레가 84 cm인 직사각형이 있습니다. 직사각형의 세로는 몇 cm일까요?

식 _____

_____

답 _____ cm

06 삼각형의 밑변과 높이의 비는 8 : 11이고, 밑변과 높이의 합은 38 cm입니다. 이 삼각형의 넓이는 몇 cm²일까요?

식 _____

_____

답 _____ cm²

5 비례배분 (2)

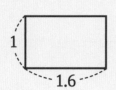
문제 키가 **130** cm인 새싹이는
머리 길이와 다리 길이의 비가 **1** : **1.6** 입니다.
새싹이의 다리 길이는 몇 cm일까요?

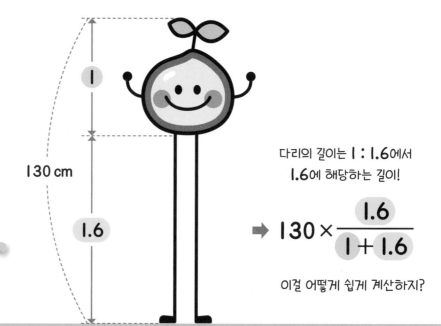

다리의 길이는 1 : 1.6에서
1.6에 해당하는 길이!

$$\Rightarrow 130 \times \frac{1.6}{1 + 1.6}$$

이걸 어떻게 쉽게 계산하지?

▶ 개념 익히기 1

색칠한 부분의 길이를 구하는 식입니다. 빈칸을 알맞게 채우세요.

01

45 cm

1 : 1.5

$$\Rightarrow 45 \times \frac{1}{\boxed{1} + \boxed{1.5}}$$

02

36 cm

0.4 : 0.5

$$\Rightarrow 36 \times \frac{0.5}{\boxed{} + \boxed{}}$$

03

24 cm

$2 : \dfrac{6}{5}$

$$\Rightarrow 24 \times \frac{2}{\boxed{} + \boxed{}}$$

복잡한 비로 비례배분을 해야 한다면?

분수의 비

$$\frac{1}{5}^{\times 15} : \frac{1}{3}^{\times 15}$$

$$= 3 : 5$$

소수의 비

$$0.2^{\times 10} : 0.3^{\times 10}$$

$$= 2 : 3$$

자연수의 비

$$60 \div 6 : 54 \div 6$$

$$= 10 : 9$$

간단한 비로 바꿔서 계산!

풀이 머리 길이와 다리 길이의 비를

가장 간단한
자연수의 비로 바꾸기!

$$1 : 1.6$$

$$= 10 : 16$$

$$= 5 : 8$$

머리 　 다리

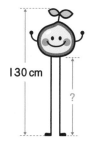

130 cm

?

$\left(\dfrac{\text{다리}}{\text{길이}}\right) = 130 \times \dfrac{8}{5+8}$

$= 130 \times \dfrac{8}{13}$

$= 80$

답 80 cm

▶ 개념 익히기 2

비례배분을 하기 위해 주어진 비를 가장 간단한 자연수의 비로 바꾸어 보세요.

01

63을 $\dfrac{2}{3} : \dfrac{5}{6}$ 로 나누기 ➡ 　4 : 5

02

500을 3.3 : 4.2 로 나누기 ➡

03

120을 $2\dfrac{1}{2} : \dfrac{4}{5}$ 로 나누기 ➡

▶ 개념 다지기 1

주어진 비를 가장 간단한 자연수의 비로 바꾸어 비례배분을 하세요.

01

46을 $\dfrac{3}{8} : \dfrac{1}{5}$로 나누기 ➡

가장 간단한
자연수의 비
⬇

$15 : \boxed{8}$

$\dfrac{3}{8}$에 해당하는 양: $46 \times \dfrac{\boxed{15}}{\boxed{23}} = \boxed{30}$

$\dfrac{1}{5}$에 해당하는 양: $46 \times \dfrac{\Box}{\Box} = \Box$

02

98을 $\dfrac{1}{6} : \dfrac{2}{9}$로 나누기 ➡

가장 간단한
자연수의 비
⬇

$3 : \Box$

$\dfrac{1}{6}$에 해당하는 양: $98 \times \dfrac{\Box}{\Box} = \Box$

$\dfrac{2}{9}$에 해당하는 양: $98 \times \dfrac{\Box}{\Box} = \Box$

03

85를 $1.1 : 0.6$으로 나누기 ➡

가장 간단한
자연수의 비
⬇

$\Box : \Box$

1.1에 해당하는 양: $85 \times \dfrac{\Box}{\Box} = \Box$

0.6에 해당하는 양: $85 \times \dfrac{\Box}{\Box} = \Box$

04

63을 $0.5 : \dfrac{1}{7}$로 나누기 ➡

가장 간단한
자연수의 비
⬇

$\Box : \Box$

0.5에 해당하는 양: $63 \times \dfrac{\Box}{\Box} = \Box$

$\dfrac{1}{7}$에 해당하는 양: $63 \times \dfrac{\Box}{\Box} = \Box$

▶ 개념 다지기 2

물음에 답하세요.

3221

01 철사 **74 cm**를 **2.2 : 1.5**로 나누어 잘랐습니다. 둘 중에 길이가 긴 철사는 몇 cm일까요?

답 ___44___ cm

02 잡곡밥을 하기 위해 현미와 콩을 **5 : 4**로 섞었더니 **117 g**이 되었습니다. 이때, 사용한 현미는 몇 g일까요?

답 _____ g

03 구슬 **120개**를 **1반**과 **2반**이 학생 수의 비 **21 : 24**로 나누어 가졌습니다. 2반이 가지는 구슬은 몇 개일까요?

답 _____ 개

04 소금과 물을 $\dfrac{2}{5} : \dfrac{1}{2}$의 비로 섞어서 **450 g**의 소금물을 만들었습니다. 소금물에 들어있는 소금의 양은 몇 g일까요?

답 _____ g

05 설탕 **121 g**을 컵에 담긴 물의 양의 비에 따라 나누어 넣으려고 합니다. 물이 더 많은 컵에는 설탕을 몇 g 넣어야 할까요?

$\dfrac{2}{3}$ L $\dfrac{1}{4}$ L

답 _____ g

06 나무 **240그루**를 두 공원의 넓이의 비에 따라 나누어 심었습니다. 호수 공원의 넓이는 **600 m²**이고, 하늘 공원의 넓이는 **840 m²**일 때, 호수공원에 심은 나무는 몇 그루일까요?

답 _____ 그루

▶ 개념 마무리 1

물음에 답하세요.

01 _____

평행사변형 **가**, **나**는 높이가 같습니다.

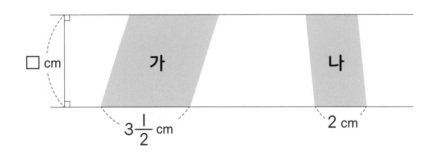

(1) 높이를 □ cm라고 할 때, 평행사변형 **가**와 **나**의 넓이를 □를 이용한 식으로 나타내세요.

가 $\underline{\quad 3\frac{1}{2} \times □ \quad}$ cm², **나** $\underline{\qquad\qquad}$ cm²

(2) 평행사변형 **가**와 **나**의 넓이의 비를 가장 간단한 자연수의 비로 쓰세요.

(3) 평행사변형 **가**와 **나**의 넓이의 합이 **11** cm²일 때, **나**의 넓이를 구하세요.

$\underline{\qquad\qquad}$ cm²

02 _____

삼각형 **가**, **나**는 높이가 같습니다.

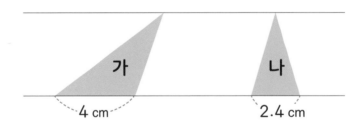

(1) 삼각형 **가**와 **나**의 넓이의 비를 가장 간단한 자연수의 비로 쓰세요.

(2) 삼각형 **가**와 **나**의 넓이의 합이 **16** cm²일 때, **가**의 넓이를 구하세요.

$\underline{\qquad\qquad}$ cm²

▶ 개념 마무리 2

구하려는 것을 □라고 하여 비례배분하는 식을 쓰고, 답을 구하세요.

3223

01

어떤 수를 ①：5로 나누었을 때, 작은 쪽이 20입니다. 어떤 수는 얼마일까요?

작은 쪽

전체 묶음은 6

식 　$\square \times \dfrac{1}{6} = 20$　　　　　답 　120

02

어떤 수를 8：1로 나누었을 때, 작은 쪽이 5입니다. 어떤 수는 얼마일까요?

식 _____　답 _____

03

어떤 수를 3：7로 나누었을 때, 큰 쪽이 14입니다. 어떤 수는 얼마일까요?

식 _____　답 _____

04

연필 몇 자루를 5：3으로 나누어 필통에 넣으면 더 적은 쪽의 연필이 9자루입니다. 처음 연필 수는 몇 자루일까요?

식 _____　답 _____ 자루

05

부모님이 주신 용돈을 형과 동생이 11：9로 나누어 가졌더니 형이 22000원을 갖게 되었습니다. 처음 용돈은 얼마일까요?

식 _____　답 _____ 원

지금까지 비례식의 활용에 대해 살펴보았습니다.
얼마나 제대로 이해했는지 확인해 봅시다.

1

축척 막대를 보고 바르게 설명한 것을 찾아 기호를 쓰시오.

⊙ 지도에서 5 cm가 실제로 500 m입니다.

ⓒ 실제 거리 500 m를 지도에 1 cm로 나타냈습니다.

ⓒ 실제 거리 1 cm를 지도에 500 m로 나타냈습니다.

2

두 도형은 닮은 도형입니다.
닮음비를 가장 간단한 자연수의
비로 나타내시오.

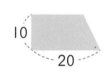

3

실제 돌하르방과 모형 돌하르방은 서로 닮음
입니다. 모형의 높이를 구하시오.

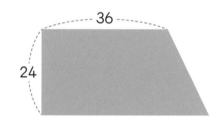

4

색칠한 부분을 보고 빈칸을 알맞게 채우시오.

60개 중의 36개는

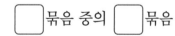

□묶음 중의 □묶음

➡ 60 : 36 = □ : □

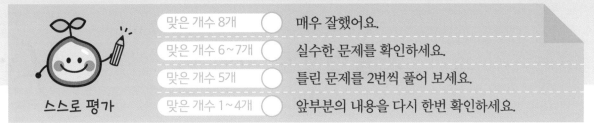
▶ 정답 및 해설 31~32쪽

5

배 72개를 하온이와 서진이의 가족 수의 비에 따라 나누어 주려고 합니다. 배를 몇 개씩 나누어 줄 수 있는지 빈칸을 알맞게 채우시오.

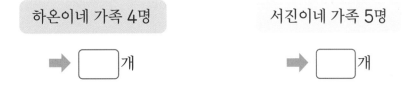

하온이네 가족 4명

➡ ☐ 개

서진이네 가족 5명

➡ ☐ 개

6

종이 252장을 3 : 4로 나눌 때, 3에 해당하는 양을 구하려고 합니다. 계산 과정에서 잘못된 부분을 찾아 바르게 고치시오.

$$252 \times \frac{3}{4} = 189$$

➡

7

책 65권을 책장 1층과 2층에 $\frac{1}{3}$: 0.75로 나누어 꽂으려고 합니다. 책장 2층에는 몇 권을 꽂아야 하는지 구하시오.

8

넓이가 39 cm²인 직사각형 종이를 잘라서 그림과 같이 두 개의 직사각형으로 나누었습니다. 직사각형 **가**의 넓이는 몇 cm²인지 구하시오.

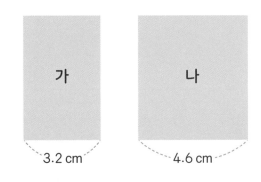

가

나

3.2 cm   4.6 cm

서술형으로 확인 ✏️

▶ 정답 및 해설 48쪽

1 지도에서 **1 cm**가 실제로는 **30000 cm**일 때, 축척을 **3**가지 방법으로 나타내세요. (힌트 **54**쪽)

2 항상 닮은 도형을 찾아 **2**개 쓰세요. (힌트 **61**쪽)

3 **6**학년을 대상으로 놀이공원에 가는 것에 대하여 투표를 진행했습니다. 찬성이 **75 %**이고, 반대가 **25 %**일 때, 길이가 **8 cm**인 막대를 투표 결과로 비례 배분하여 나타내세요. (힌트 **66**쪽)

8 cm

잠깐! 서술형으로 쓰기 어려워? 그럼 앞에서 배운 걸 떠올려 봐! 앞에서 찾아보고 적어도 좋아!

닮은 도형 그리기

▶ 정답 및 해설 48쪽

모눈 종이에 주어진 도형과 닮은 도형을 그려 보세요.

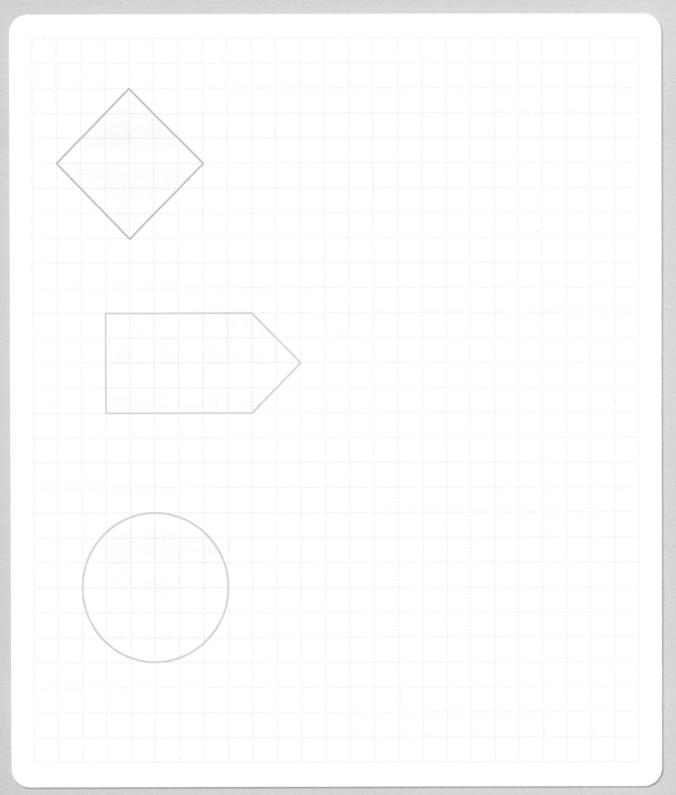

▶ 정답 및 해설 48쪽

6

정비례와
반비례

1 : 4

2 : 8

3 : 12

비율이 같은 비는
전항이 커질 때, 후항도 커지지?

이렇게 우리 주변에는
하나의 값이 커질 때, 다른 값도 커지는 경우가 있고
이와 반대로
하나의 값이 커질 때, 다른 값은 작아지는 경우도 있어~

이렇게 변하는 두 양 사이의 관계를
표와 식으로 나타내서 알아볼까?

1 두 수 사이의 관계

세발자전거 수와 바퀴 수의 비

1 : 3

= 2 : 6
자전거 2대에 바퀴가 6개!

= 3 : 9
자전거 3대에 바퀴가 9개!

= 4 : 12
자전거 4대에 바퀴가 12개!

비가 하나 있으면
닮은 상황을 계속해서 만들 수 있어!

▶ 개념 익히기 1

주어진 그림을 보고 옳은 설명에 ○표, 틀린 설명에 ✕표 하세요.

01 ─────────────────────────────
책상이 1개일 때, **책상 수**와 **책상 다리 수**의 비는 1 : 4입니다. (○)

02 ─────────────────────────────
책상이 2개일 때, **책상 수**와 **책상 다리 수**의 비는 2 : 8입니다. (   )

03 ─────────────────────────────
책상이 3개일 때, **책상 수**와 **책상 다리 수**의 비는 3 : 9입니다. (   )

▶ 정답 및 해설 33쪽

 세발자전거 수와 바퀴 수를 **표**로 나타내보자~

세발자전거 수(대)	1	2	3	4	...
바퀴 수(개)	3	6	9	12	...

$$1 : 3 \ = \ 2 : 6 \ = \ 3 : 9 \ = \ 4 : 12$$

정확히 **비례**식이 되네~

세발자전거 수와 바퀴 수처럼
비례식으로 만들 수 있는 관계를 **정비례 관계**라고 해~

▶ 개념 익히기 2

케이블카 한 대에 8명씩 탑승할 때, 물음에 답하세요.

01

표를 완성하세요.

케이블카 수(대)	1	2	3
탑승 인원 수(명)	8		

02

01의 표를 보고 **케이블카 수**와 **탑승 인원 수**의 비를 모두 완성하세요.

☐ : ☐ , ☐ : ☐ , ☐ : ☐

03

01의 표를 보고 문장을 완성하세요.

케이블카 수와 ☐☐☐☐☐☐ 의 관계는 정비례 관계입니다.

2 정비례의 뜻

비의 성질 기억하지?

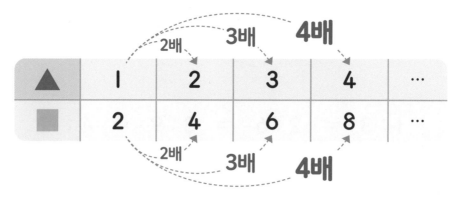

$1:2 = 2:4 = 3:6$

2배, 3배

비율은 이렇게 일정! ➡

$\dfrac{1}{2} = \dfrac{2}{4} = \dfrac{3}{6}$

2배, 3배

변하는 두 양 ▲와 ■의 관계를 표로 나타내면

2배 3배 **4배**

▲	1	2	3	4	⋯
■	2	4	6	8	⋯

2배 3배 **4배**

정비례 관계

어떤 값이 2배, 3배, 4배, ⋯로 변함에 따라
다른 값도 2배, 3배, 4배, ⋯로 변하는 관계

▶ **개념 익히기 1**

비례식을 보고 표를 완성하세요.

01

$4:5 = 8:10 = 12:15$ ➡

전항	4	8	12
후항	5		

02

$3:1 = 6:2 = 9:3$ ➡

전항	3	6	9
후항			

03

$2:7 = 4:14 = 6:21$ ➡

전항	2	4	6
후항			

▶ 정답 및 해설 33쪽

표를 만들어 봐~

페인트 2통으로 타일 5장을 칠할 수 있어~

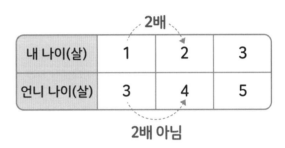

	2배	3배
페인트 양(통)	2	4	6
타일 수(장)	5	10	15
	2배	3배

➡ 페인트 양과 타일 수는
정비례 관계!

나와 언니의 나이는 2살 차이야~

	2배
내 나이(살)	1	2	3
언니 나이(살)	3	4	5
	2배 아님

➡ 내 나이와 언니 나이는
정비례 관계가 아니야!

▶ 개념 익히기 2

▲와 ■가 정비례 관계인 것에 ○표, 아닌 것에 ✕표 하세요.

01

| ▲ | 2 | 4 | 6 | 8 |
| ■ | 1 | 3 | 5 | 7 |

(✕)

02

| ▲ | 1 | 2 | 3 | 4 |
| ■ | 3 | 6 | 9 | 12 |

(   )

03

| ▲ | 1 | 2 | 3 | 4 |
| ■ | 2 | 6 | 7 | 8 |

(   )

정비례 관계가 되도록 빈칸을 알맞게 채우고 표를 완성하세요.

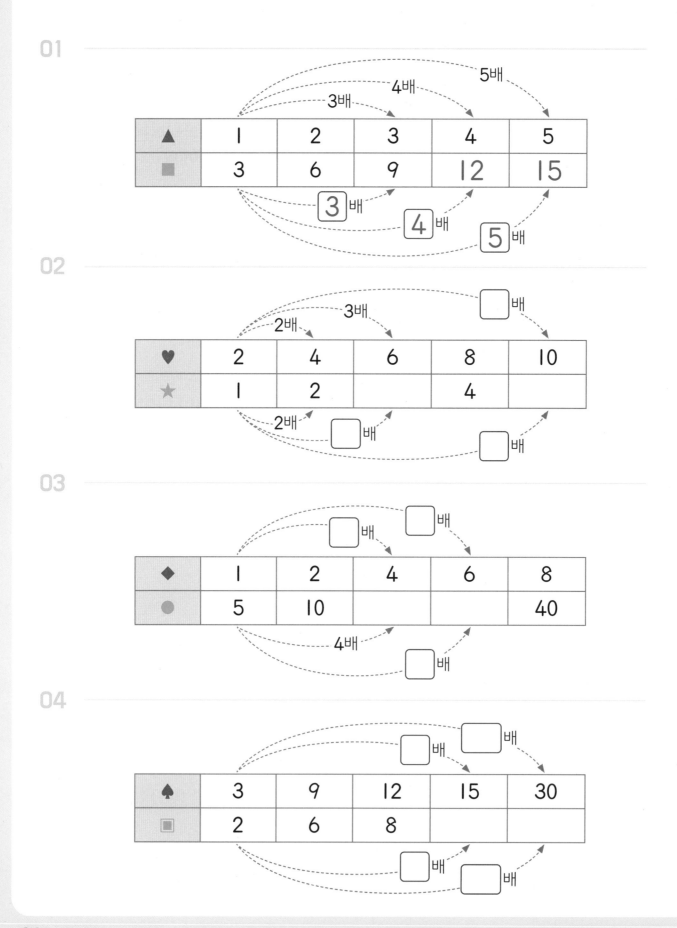

01

▲	1	2	3	4	5
■	3	6	9	12	15

02

♥	2	4	6	8	10
★	1	2		4	

03

♦	1	2	4	6	8
●	5	10			40

04

♠	3	9	12	15	30
■	2	6	8		

▶ 개념 다지기 2

그림을 보고 정비례 관계가 될 수 있는 두 대상을 찾아 ○표 하세요.

01

⬭ 오리 수 ⬭
오리알 수
⬭ 오리 다리 수 ⬭

02

관람객 연령
영화표 수
영화표 가격

03

팔찌 수
구슬 수
구슬 크기

04

계란 수
계란 모양
계란판 수

05

바퀴 크기
바퀴 수
자전거 수

06

클로버 수
클로버 잎의 수
클로버 길이

표의 빈칸을 알맞게 채우고, 정비례 관계이면 ○표, 아니면 ✕표 하세요.

01

축구공 한 개의 무게가 450 g일 때

축구공 수(개)	1	2	3	⋯
축구공의 무게(g)	450	900	1350	⋯

정비례 관계 (○)

02

전체 160쪽인 책을 읽을 때

읽은 분량(쪽)	10	20	30	⋯
남은 분량(쪽)				⋯

정비례 관계 ( )

03

종이봉투가 한 장에 200원일 때

봉투 수(장)	1	2	3	⋯
가격(원)				⋯

정비례 관계 ( )

04

하루 24시간 중에 낮과 밤의 길이

낮(시간)	6	12	18	⋯
밤(시간)				⋯

정비례 관계 ( )

05

초콜릿이 한 상자에 8개씩 들어있을 때

상자 수(개)	1	3	5	⋯
초콜릿 수(개)				⋯

정비례 관계 ( )

▶ 개념 마무리 2

변하는 두 양 ▲와 ■가 정비례 관계인 것을 찾아 단어를 완성하세요.

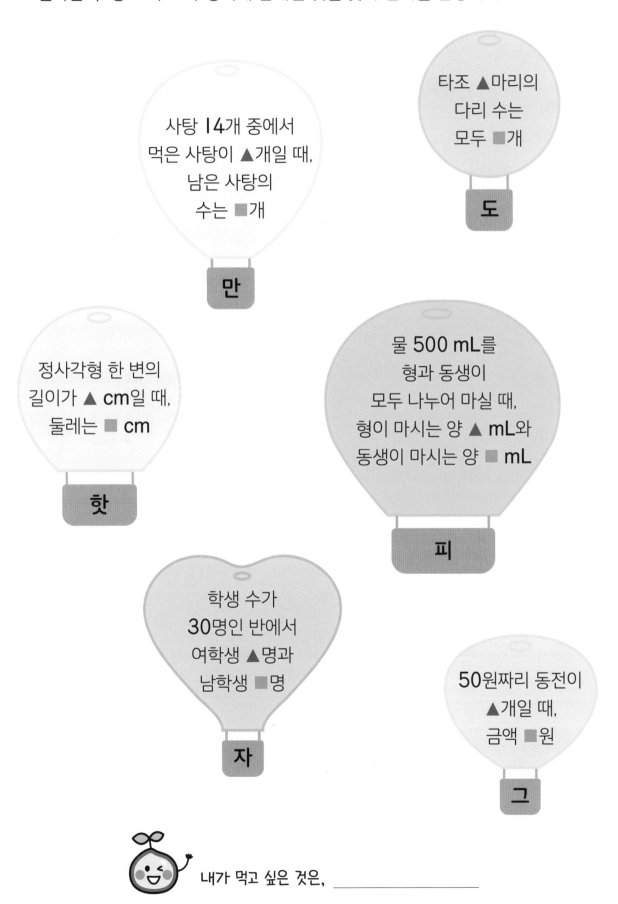

타조 ▲마리의
다리 수는
모두 ■개

도

사탕 14개 중에서
먹은 사탕이 ▲개일 때,
남은 사탕의
수는 ■개

만

정사각형 한 변의
길이가 ▲ cm일 때,
둘레는 ■ cm

핫

물 500 mL를
형과 동생이
모두 나누어 마실 때,
형이 마시는 양 ▲ mL와
동생이 마시는 양 ■ mL

피

학생 수가
30명인 반에서
여학생 ▲명과
남학생 ■명

자

50원짜리 동전이
▲개일 때,
금액 ■원

그

내가 먹고 싶은 것은, _____

3 정비례 관계식

사탕 1개에 500원!

사탕 수(개)	▲	1	2	3	⋯
가격(원)	■	500	1000	1500	⋯

×500

가격은 사탕 수와 **정비례 관계!**

(가격) = (사탕 수) × 500

두 수의 관계를 나타낸 식이니까 **관계식**이라고 해~

기호로 간단히 ➡ = ▲ × 500

정비례 관계식 ■ = ▲ × (어떤 수)

0이 아닌

▶ **개념 익히기 1**

자동차 수와 바퀴 수에 대한 설명으로 알맞은 것에 ○표 하세요.

자동차 수(대)	1	2	3	4
바퀴 수(개)	4	8	12	16

01

자동차 수와 **바퀴 수**의 비는 ((1 : 4) , 4 : 1)입니다.

02

자동차 수와 **바퀴 수**의 관계는 정비례 관계가 (맞습니다 , 아닙니다).

03

바퀴 수는 **자동차 수**에 4를 (더한 , 곱한) 식으로 나타냅니다.

▶ 정답 및 해설 36쪽

셔츠 한 벌을 만들 때 단추 5개를 사용합니다.

퀴즈? 셔츠 수와 단추 수의 관계는?

셔츠 수(벌)	▲	1	2	3	…
단추 수(개)	■	5	10	15	…

아하! **정비례 관계!**

그래서
정비례 **관계식**은,

$$■ = ▲ × 5$$

구하려는 것이
▲인지, ■인지
잘 구분해야 해~

예 셔츠 120벌을 만들 때, 필요한 단추 수는? ➡ ■ = △120△ × 5

▲ = 120일 때   ■의 값 구하기

= 600 (개)

▶ 개념 익히기 2

표를 보고 빈칸을 알맞게 채우세요.

01

▲	5	10	15
■	200	400	600

× 40

02

♥	1	2	3
★	25	50	75

× ☐

03

㉠	2	4	6
㉡	30	60	90

× ☐

▶ 개념 다지기 1

표를 보고 정비례 관계식을 완성하세요.

01

▲	1	3	5
■	5	15	25

➡ ■ = ▲ × 5 _____

02

■	1	2	3
♣	9	18	27

➡ ♣ = _____

03

♥	3	6	9
★	21	42	63

➡ ★ = _____

04

◆	4	8	12
●	16	32	48

➡ ● = _____

05

◎	2	4	8
♠	12	24	48

➡ ♠ = _____

06

㉠	5	10	15
㉡	10	20	30

➡ ㉡ = _____

▶ 개념 다지기 2

표를 완성하고, 관계식을 쓰세요.

01

6명이 탈 수 있는 자동차가 있습니다. 이 자동차 ▲대에 탈 수 있는 사람 수는 ■명입니다.

▲	1	2	3
■	6	12	18

➡ ■ = ▲ × 6 _____

02

바나나 1개의 열량이 90 kcal 일 때, 바나나 ◆개의 열량은 ◎ kcal입니다.

◆	1	2	3
◎			

➡ ◎ = _____

03

도넛이 한 상자에 12개씩 있습니다. 상자의 수가 ■개일 때, 도넛은 모두 ♣개입니다.

■	1	2	3
♣			

➡ ♣ = _____

04

음식물 쓰레기봉투의 가격이 한 장에 30원입니다. 봉투 ㉠장의 가격은 ㉡원입니다.

㉠	1	2	3
㉡			

➡ ㉡ = _____

05

수도에서 물이 1분에 5 L씩 나올 때, ♥분 동안 나온 물의 양은 ★ L입니다.

♥	1	2	3
★			

➡ ★ = _____

06

무게가 7 kg인 볼링공 ◎개의 무게는 ♠ kg입니다.

◎	1	2	3
♠			

➡ ♠ = _____

물음에 답하세요.

01 휘발유 1 L로 15 km를 갈 수 있는 자동차가 있습니다.

(1) 휘발유 ▲ L로 갈 수 있는 거리를 ■ km라고 할 때, 관계식을 쓰세요.

관계식 $■ = ▲ × 15$

(2) 휘발유 8 L로 갈 수 있는 거리는 몇 km일까요?

답 _____ km

02 한 테이블에 의자가 4개씩 놓여있습니다.

(1) 테이블 ♥개에 놓여있는 의자 수를 ★개라고 할 때, 관계식을 쓰세요.

관계식 $★ = $ _____

(2) 테이블 13개에 놓인 의자 수는 몇 개일까요?

답 _____ 개

03 구슬 1개의 무게가 10 g입니다.

(1) 구슬 ◆개의 무게를 ● g이라고 할 때, 관계식을 쓰세요.

관계식 $● = $ _____

(2) 무게가 350 g이 되게 하려면 필요한 구슬은 몇 개일까요?

답 _____ 개

04 한 봉지에 사과를 5개씩 담았습니다.

(1) ■개의 봉지에 담겨 있는 사과의 수를 ♣개라고 할 때, 관계식을 쓰세요.

관계식 $♣ = $ _____

(2) 사과 45개는 몇 개의 봉지에 담겨 있는 것일까요?

답 _____ 개

▶ 개념 마무리 2

옳은 설명에 ○표, 틀린 설명에 ✕표 하세요.

01

▲ : ■ = 1 : 4인 두 수 ▲와 ■의 관계식은 ■ = ▲ × 4입니다. （ ○ ）

02

어떤 수가 2배, 3배, 4배, …로 변할 때, 다른 수도 2배, 3배, 4배, …로 변하면 두 수는 정비례 관계입니다. （　　）

03

1살 차이인 형과 동생의 나이는 정비례 관계입니다. （　　）

04

■ = ▲ × (0이 아닌 어떤 수)라면, ▲와 ■는 정비례 관계입니다. （　　）

05

정비례 관계인 두 수의 비율은 계속 커집니다. （　　）

06

1시간은 60분이므로 시간을 ♥, 분을 ★로 나타낼 때, 관계식은 ★ = ♥ × 60입니다. （　　）

4 반비례의 뜻

60 cm짜리 추로스를 사람 수에 따라 똑같이 나눌 때,
한 사람이 갖는 추로스의 길이를 알아보자.

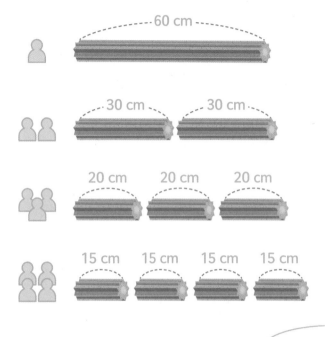

사람 수	한 사람이 갖는 추로스 길이
1명	60 cm
2명	30 cm
3명	20 cm
4명	15 cm
⋮	⋮

사람 수와 추로스 길이는 정비례가 아니네...

▶ 개념 익히기 1

길이가 20 cm인 롤케이크를 사람 수만큼 똑같이 나눌 때, 한 사람이 갖는 롤케이크의 길이를 구하세요.

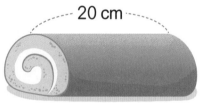

20 cm

01

사람이 2명일 때

$20 \div \boxed{2} = \boxed{10}$

➡ $\boxed{10}$ cm

02

사람이 4명일 때

$20 \div \boxed{} = \boxed{}$

➡ $\boxed{}$ cm

03

사람이 10명일 때

$20 \div \boxed{} = \boxed{}$

➡ $\boxed{}$ cm

반비례 관계
'반대'라는 뜻

어떤 값이 2배, 3배, 4배, …로 변함에 따라
다른 값이 $\frac{1}{2}$배, $\frac{1}{3}$배, $\frac{1}{4}$배, …로 변하는 관계

사람 수(명)	1	2	3	4	···
추로스 길이(cm)	60	30	20	15	···

2배 3배 4배

$\frac{1}{2}$배 $\frac{1}{3}$배 $\frac{1}{4}$배

! 반비례 관계일 때는 비례식을 쓸 수 없어요.

$1:60 \neq 2:30 \neq 3:20 \neq 4:15$

↳ ≠는 '같지 않다'라는 뜻

비율이 모두 달라!

▶ 개념 익히기 2

▲와 ■가 반비례 관계일 때, 알맞은 말에 ○표 하여 문장을 완성하세요.

01

▲가 5배로 변할 때, ■는 (5배 , ⑤$\frac{1}{5}$배)로 변합니다.

02

▲와 ■의 비율은 (일정합니다 , 변합니다).

03

▲와 ■의 비를 이용하여 비례식을 쓸 수 (있습니다 , 없습니다).

▲와 ■가 반비례 관계일 때, 빈칸을 알맞게 채우고 표를 완성하세요.

01

▲	1	2	4	5	10
■	20	10	5	4	2

4배 5배 10배

$\frac{1}{4}$배 $\frac{1}{5}$배 $\frac{1}{10}$배

02

▲	1	2	3	4	8
■	24	12			

3배 4배 8배

□배 □배 □배

03

□배 □배

▲	1	2	4	8	16
■	16	8			

□배 □배

04

□배 □배

▲	2	4	8	10	20
■	20				

□배 □배

▶ 정답 및 해설 40~41쪽

▶ 개념 다지기 2

표를 완성하고, 반비례 관계이면 ○표, 아니면 ✕표 하세요.

01

감자 **200**개를 상자에 똑같이 나누어 담을 때

상자 수(개)	1	2	4	…
한 상자에 담긴 감자 수(개)	200	100	50	…

반비례 관계 (○)

02

자전거를 타고 **60 km** 떨어진 곳을 갈 때

1시간 동안 가는 거리(km)	10	20	30	…
걸리는 시간(시간)	6			…

반비례 관계 ( )

03

탁구공이 한 상자에 **6**개씩 들어있을 때

상자 수(개)	1	3	5	…
탁구공 수(개)	6			…

반비례 관계 ( )

04

들이가 **36 L**인 물통에 물을 가득 채울 때

1분에 채우는 물의 양(L)	1	2	3	…
걸리는 시간(분)	36			…

반비례 관계 ( )

05

수수깡 한 개를 자를 때

자른 횟수(번)	1	2	3	…
도막 수(개)	2			…

반비례 관계 ( )

▶ 개념 마무리 1

표를 보고 알맞은 것에 ○표 하세요.

01

♥	1	2	3	⋯
★	30	15	10	⋯

➡ (정비례 , ⟨반비례⟩) 관계입니다.

02

◆	1	2	4	⋯
◎	28	14	7	⋯

➡ (정비례 , 반비례) 관계입니다.

03

▼	1	3	5	⋯
■	4	12	20	⋯

➡ (정비례 , 반비례) 관계입니다.

04

Ⓐ	1	2	3	⋯
Ⓑ	12	6	4	⋯

➡ (정비례 , 반비례) 관계입니다.

05

▲	1	2	5	⋯
■	15	30	75	⋯

➡ (정비례 , 반비례) 관계입니다.

06

㉮	1	2	4	⋯
㉯	32	16	8	⋯

➡ (정비례 , 반비례) 관계입니다.

▶ 개념 마무리 2

다음 문장을 읽고 변하는 두 양 ▲와 ■가 **반비례 관계**인 것은 모두 몇 개인지 쓰세요.

찰흙 21 kg을 친구 ▲명에게 똑같이 나누어 줄 때, 한 사람이 갖는 찰흙의 무게는 ■ kg입니다.

정삼각형의 한 변의 길이가 ▲ cm일 때, 정삼각형의 둘레는 ■ cm입니다.

언니와 동생의 나이는 3살 차이가 납니다. 언니가 ▲살일 때, 동생의 나이는 ■살입니다.

우유 2 L를 ▲명이 똑같이 나누어 마실 때, 한 사람이 마시는 우유의 양은 ■ L입니다.

철사 100 cm를 ▲도막으로 똑같이 나누어 자르면 한 도막의 길이는 ■ cm입니다.

한 팀에 선수가 6명씩 있을 때, 팀이 ▲개이면 선수는 모두 ■명입니다.

하루 24시간 중에 낮이 ▲시간일 때, 밤은 ■시간입니다.

 개

5 반비례 관계식

귤 **30**개를 친구에게 똑같이 나누어 주자~

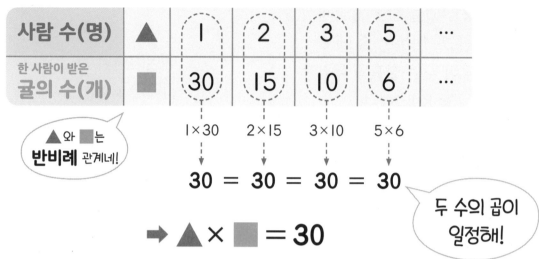

사람 수(명)	▲	1	2	3	5	...
한 사람이 받은 **귤의 수(개)**	■	30	15	10	6	...

▲와 ■는 **반비례** 관계네!

1×30 2×15 3×10 5×6

30 = 30 = 30 = 30

두 수의 곱이 일정해!

➡ ▲ × ■ = **30**

반비례 관계식 ▲ × ■ = (어떤 수)
0이 아닌

▶ **개념 익히기 1**

반비례 관계를 나타낸 표를 보고 물음에 답하세요.

▲	1	2	4	8
■	8	4	2	1

01 ▲가 2일 때, ▲ × ■의 값을 구하세요. 8

02 ▲가 4일 때, ▲ × ■의 값을 구하세요.

03 ▲가 8일 때, ▲ × ■의 값을 구하세요.

▶ 정답 및 해설 43쪽

3229

문제 들이가 200 L인 물탱크에 일정하게 물을 채우려고 합니다.

1분 동안 넣는 **물의 양**을 ▲ L,

물이 가득 찰 때까지 걸리는 **시간**을 ■ 분이라고 할 때,

▲와 ■의 관계식을 구하세요.

풀이 ▲ : 1분 동안 넣는 물의 양 (L)

■ : 걸리는 시간 (분)

▲(L)	1	2	5	...
■(분)	200	100	40	...

➡ ▲와 ■는 반비례 관계!

관계식 ▲ × ■ = 200

예 10분 만에 물을 가득 채우려면
1분에 몇 L씩 물을 넣어야 할까요?

■ = 10일 때, ▲의 값 구하기

$$▲ × \boxed{10} = 200$$

▲ = 200 ÷ 10
   = 20

➡ **20 L**

▶ 개념 익히기 2

반비례 관계를 나타낸 표를 보고 물음에 답하세요.

▲	1	2	3	4	6
■	12	6	4	3	

01

▲와 ■의 곱을 구하세요.   12

02

▲와 ■의 관계식을 완성하세요.   ▲ × ■ = ☐

03

▲ = 6일 때, ■의 값을 구하세요.

▶ 개념 다지기 1

▲와 ■가 반비례 관계일 때, 표와 빈칸을 알맞게 채우세요.

01

▲	2	4	6
■	12	6	4

▲ × ■ = 24

02

▲	1	3	9
■	9	3	

▲ × ■ = ☐

03

▲	1	2	5
■	10	5	

▲ × ■ = ☐

04

▲	1	2	4
■	8	4	

▲ × ■ = ☐

05

▲	3	6	9
■	6		

▲ × ■ = ☐

06

▲	2	4	8
■	16		

▲ × ■ = ☐

▶ 개념 다지기 2

◆와 ●가 반비례 관계일 때, 물음에 답하세요.

01

◆가 5일 때, ●는 10입니다.

반비례 관계식은?

➡
$$◆ × ● = 50$$

◆=25일 때, ●의 값은?
$$25 × ● = 50$$
➡
$$● = 2$$

02

◆가 3일 때, ●는 12입니다.

반비례 관계식은?

➡

◆=2일 때, ●의 값은?

➡

03

◆가 6일 때, ●는 7입니다.

반비례 관계식은?

➡

◆=14일 때, ●의 값은?

➡

04

◆가 4일 때, ●는 25입니다.

반비례 관계식은?

➡

●=5일 때, ◆의 값은?

➡

05

◆가 9일 때, ●는 10입니다.

반비례 관계식은?

➡

●=6일 때, ◆의 값은?

➡

06

◆가 8일 때, ●는 11입니다.

반비례 관계식은?

➡

◆=4일 때, ●의 값은?

➡

▶ 개념 마무리 1

문장을 읽고 알맞은 관계식을 찾아 선으로 이으세요.

01 우유 500 mL를 ▲명이 똑같이
나누어 마실 때, 한 사람이
마시는 우유의 양 ■ mL

▲ × ■ = 60

02 곱해서 60이 되는
두 자연수 ▲와 ■

■ = 60 − ▲

03 한 상자에 자두를 35개씩
담을 때, ▲개의 상자에 담은
전체 자두의 수는 ■개

▲ × ■ = 500

04 전체 60쪽인 책에서
읽은 부분이 ▲쪽일 때,
남은 부분은 ■쪽

▲ × ■ = 35

05 삼각형의 넓이가 35 cm²일 때,
밑변 ▲ cm와 높이 ■ cm

■ = ▲ × 35

06 한 시간에 ▲ km를 가는 차를
타고 35 km 떨어진 거리를
가는 데 걸리는 시간은 ■시간

▲ × ■ = 70

▶ 정답 및 해설 44~46쪽

▶ 개념 마무리 2

문장을 읽고 ▲와 ■의 반비례 관계식을 이용하여 답을 구하세요.

3230

01

주스 1.2 L를 ▲명이 똑같이 ■ L씩 나누어 마시려고 합니다.
마시는 사람이 6명이면 한 사람이 마시는 주스의 양은 몇 L일까요?

답 ___0.2___ L

02

90000원을 모으기 위해 매달 같은 금액을 저축하려고 합니다.
매달 저축하는 금액을 ▲원, 저축한 달의 수를 ■개월이라고 할 때, 6개월 동안
목표한 금액을 모으려면 매달 얼마씩 저축해야 할까요?

답 _____ 원

03

가현이는 매일 ▲쪽씩 책을 읽어서 ■일 동안 전체 280쪽을 다 읽으려고 합니다.
하루에 20쪽씩 읽으면 며칠이 걸릴까요?

답 _____ 일

04

지수네 반 학생을 ▲명씩 ■개의 모둠으로 나누려고 합니다.
한 모둠의 학생이 4명일 때 모둠이 6개라면, 한 모둠의 학생이 8명일 때는
모둠이 몇 개일까요?

답 _____ 개

05

1분에 ▲ L씩 ■분 동안 물을 넣어 수조를 가득 채우려고 합니다.
1분에 3 L씩 물을 채울 때 12분이 걸린다면, 1분에 4 L씩 채울 때는 몇 분이
걸릴까요?

답 _____ 분

지금까지 정비례와 반비례에 대해 살펴보았습니다.
얼마나 제대로 이해했는지 확인해 봅시다.

 **단원 마무리**

1

빈칸을 알맞게 채우시오.

> 변하는 두 수 ▲와 ■의 곱이 항상 0이 아닌 수로 일정할 때,
> 두 수 사이의 관계를 [　　　] 관계라고 합니다.

2

마름모의 한 변의 길이와 둘레의 관계를 표와 관계식으로 나타내시오.

한 변의 길이(cm)	▲	1	2	3	4
둘레(cm)	■				

$$■ = \underline{\qquad\qquad\qquad}$$

3

▲와 ■ 사이의 관계가 정비례 관계인 것을 모두 찾아 기호를 쓰시오.

> ㉠ ■ = ▲ × 9　　　　㉡ ■ = ▲ + 3
>
> ㉢ ▲ × ■ = 50　　　㉣ ■ = 21 × ▲

4

▲의 값이 2배, 3배, 4배, …가 될 때, ■의 값은 $\frac{1}{2}$배, $\frac{1}{3}$배, $\frac{1}{4}$배, …가 됩니다.
표를 알맞게 채우시오.

▲	1	2	3	4
■		6	4	

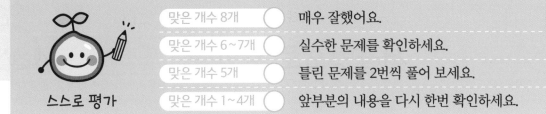

맞은 개수 8개		매우 잘했어요.
맞은 개수 6~7개		실수한 문제를 확인하세요.
맞은 개수 5개		틀린 문제를 2번씩 풀어 보세요.
맞은 개수 1~4개		앞부분의 내용을 다시 한번 확인하세요.

스스로 평가

▶ 정답 및 해설 46~47쪽

[5 - 6] 아래 문장을 읽고 ▲와 ■의 관계에 대하여 물음에 답하시오.

> ㉠ 가로가 ▲ cm이고, 세로가 ■ cm인 직사각형의 넓이가 40 cm²
> ㉡ 제한 시간이 60초인 게임에서 지난 시간 ▲초, 남은 시간 ■초
> ㉢ 한 봉지에 1600원인 젤리 ▲봉지의 가격 ■원

5 정비례 관계인 것을 찾아 기호를 쓰고, 관계식을 나타내시오.

6 반비례 관계인 것을 찾아 기호를 쓰고, 관계식을 나타내시오.

7

넓이가 108 cm²인 평행사변형을 그릴 때, 밑변은 ▲ cm, 높이는 ■ cm입니다.
㉠과 ㉡에 알맞은 수의 합을 구하시오.

> • ▲ × ■ = ㉠
>
> • 밑변이 18 cm이면 높이는 ㉡ cm가 됩니다.

8

수아는 일정한 빠르기로 한 시간에 4 km를 걸어갈 수 있습니다. 수아가 같은 빠르기로 2시간 30분을 걷는다면 몇 km를 갈 수 있는지 구하시오.

서술형으로 확인 ✏️

▶ 정답 및 해설 48쪽

1 표를 보고 정비례 관계인 상황을 만들어 보세요. (힌트 91쪽)

▲	1	2	3	4
■	2	4	6	8

....

....

2 삶은 계란 1개의 열량이 80 kcal입니다. 삶은 계란 수와 열량의 관계를 식으로 나타낼 때, 기호를 각각 정하여 간단하게 쓰세요. (힌트 98쪽)

....

....

....

3 실생활에서 반비례 관계인 상황을 찾아 ▲와 ■를 사용하여 식으로 나타내 세요. (힌트 110쪽)

....

....

....

잠깐! 서술형으로 쓰기 어려워? 그럼 앞에서 배운 걸 떠올려 봐! 앞에서 찾아보고 적어도 좋아!

톱니 수와 회전수의 관계

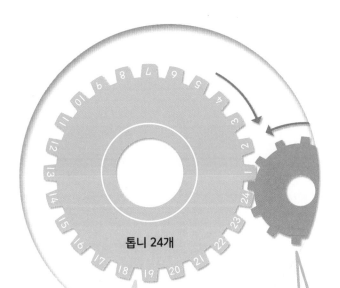

톱니바퀴는 맞물려 돌아가기 때문에
파란 톱니가 1개 지날 때,
주황 톱니도 1개를 지나지요.

$$\left(\begin{matrix}\text{지나간}\\ \text{파란 톱니 수}\end{matrix}\right) = \left(\begin{matrix}\text{지나간}\\ \text{주황 톱니 수}\end{matrix}\right)$$

톱니 24개

파란 톱니바퀴가
1바퀴 회전할 때,
지나간 톱니 수는 24개!

그러면 주황 톱니바퀴도
24개를 지나게 되겠네!

주황 톱니가 6개라면
4바퀴 회전해야
톱니 24개를 지나!
(6×4=24)

주황 톱니가 8개라면
3바퀴 회전해야
톱니 24개를 지나!
(8×3=24)

주황 톱니가 12개라면
2바퀴 회전해야
톱니 24개를 지나!
(12×2=24)

(톱니 수) × (회전수) = 24

➡ 주황 톱니바퀴의 톱니 수와 회전수는 **반비례 관계!**

정답 및 해설은 키출판사 홈페이지
(www.keymedia.co.kr)에서도
볼 수 있습니다.

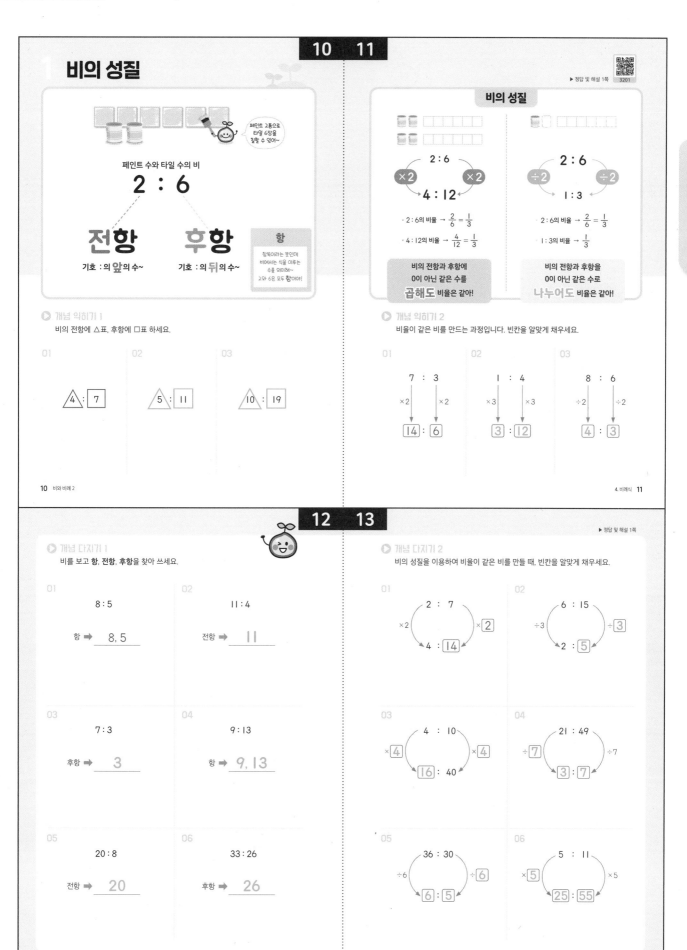

14   15

▶ 개념 마무리 1
비율이 같은 비를 구하려고 합니다. 빈칸을 알맞게 채우세요.

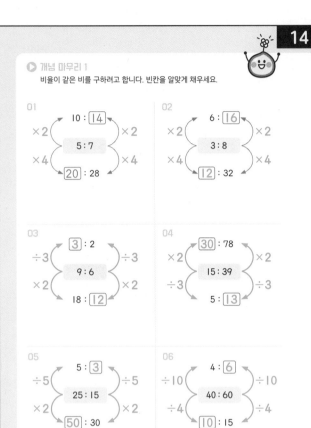

※ 비의 전항과 후항에 같은 수를 곱하거나 나누어도 비율이 같습니다.

▶ 개념 마무리 2
비의 성질을 이용하여 주어진 비와 비율이 같은 비를 2개 쓰세요.

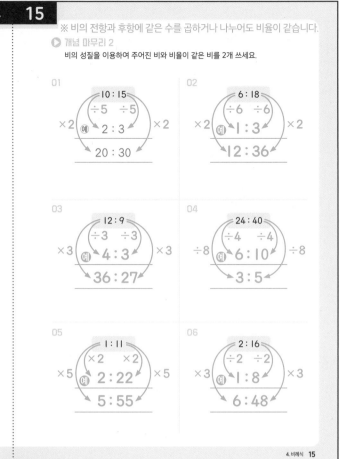

16   17

2 가장 간단한 자연수의 비

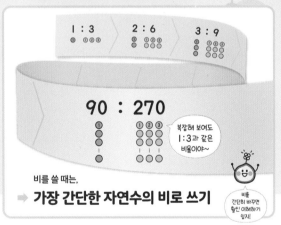

▶ 개념 익히기 1
가장 간단한 자연수의 비 쓴 것에 V표 하세요.

01	02	03
3 : 7 ☑	22 : 55 ☐	9 : 4 ☑
300 : 700 ☐	2 : 5 ☑	90 : 40 ☐

▶ 정답 및 해설 2쪽
3202

가장 간단한 자연수의 비로 만드는 방법

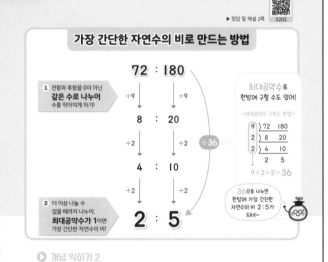

▶ 개념 익히기 2
가장 간단한 자연수의 비로 나타내세요.

01	02	03
2 : 8	15 : 9	10 : 35
➡ 1 : 4	➡ 5 : 3	➡ 2 : 7

◎ 개념 다지기 1

가장 간단한 자연수의 비로 나타내는 과정입니다. 빈칸을 알맞게 채우세요.

01
135 : 75
÷5 ↓ ÷5 ↓
27 : 15
÷3 ↓ ÷3 ↓
9 : 5

02
52 : 40
÷2 ↓ ÷2 ↓
26 : 20
÷2 ↓ ÷2 ↓
13 : 10

03
96 : 84
÷4 ↓ ÷4 ↓
24 : 21
÷3 ↓ ÷3 ↓
8 : 7

04
220 : 160
÷10 ↓ ÷10 ↓
22 : 16
÷2 ↓ ÷2 ↓
11 : 8

05
80 : 92
÷2 ↓ ÷2 ↓
40 : 46
÷2 ↓ ÷2 ↓
20 : 23

06
60 : 225
÷3 ↓ ÷3 ↓
20 : 75
÷5 ↓ ÷5 ↓
4 : 15

◎ 개념 다지기 2

전항과 후항의 최대공약수를 이용하여 가장 간단한 자연수의 비로 나타내세요.

01
184 : 152
÷8 → ← ÷8
23 : 19

2)184 152
2) 92   76
2) 46   38
    23   19
최대공약수: 2×2×2=8

02
96 : 78
÷6 → ← ÷6
16 : 13

2)96 78
3)48 39
  16 13
최대공약수: 2×3=6

03
90 : 105
÷15 → ← ÷15
6 : 7

5)90 105
3)18 21
   6   7
최대공약수: 5×3=15

04
112 : 88
÷8 → ← ÷8
14 : 11

4)112 88
2) 28 22
   14 11
최대공약수: 4×2=8

20

◎ 개념 마무리 1

가장 간단한 자연수의 비로 나타내세요.

01
70 : 28 ➡ 5 : 2

02
64 : 96 ➡ 2 : 3

03
54 : 36 ➡ 3 : 2

04
48 : 60 ➡ 4 : 5

05
150 : 75 ➡ 2 : 1

06
132 : 84 ➡ 11 : 7

20쪽

01
70 : 28
÷14 ↓ ÷14 ↓
5 : 2

7)70 28
2)10   4
   5   2
최대공약수
7×2=14

02
64 : 96
÷32 ↓ ÷32 ↓
2 : 3

8)64 96
4) 8 12
   2   3
최대공약수
8×4=32

03
54 : 36
÷18 ↓ ÷18 ↓
3 : 2

6)54 36
3) 9   6
   3   2
최대공약수
6×3=18

04
48 : 60
÷12 ↓ ÷12 ↓
4 : 5

6)48 60
2) 8 10
   4   5
최대공약수
6×2=12

05
150 : 75
÷75 ↓ ÷75 ↓
2 : 1

5)150 75
15) 30 15
    2   1
최대공약수
5×15=75

06
132 : 84
÷12 ↓ ÷12 ↓
11 : 7

4)132 84
3) 33 21
   11   7
최대공약수
4×3=12

21

▶ 정답 및 해설

▶ 개념 마무리 2
문장을 읽고 가장 간단한 자연수의 비로 나타내세요.

01
진우네 학교 6학년은 504명이고,
그중에서 남학생은 210명입니다.

남학생 수와 여학생 수의 비
➡ 5 : 7

02
참돌고래의 무게는 80 kg이고,
남방큰돌고래의 무게는 230 kg입니다.

참돌고래의 무게와 남방큰
돌고래의 무게의 비
➡ 8 : 23

03
어린이 극장의 금요일 관객 수는 160명,
토요일 관객 수는 216명이었습니다.

금요일 관객 수와 토요일
관객 수의 비
➡ 20 : 27

04
멀리뛰기 기록이 한샘이는 140 cm이고,
선아는 210 cm입니다.

한샘이와 선아의 멀리뛰기
기록의 비
➡ 2 : 3

05
검은 바둑돌이 85개이고, 흰 바둑돌은
검은 바둑돌보다 15개 더 많습니다.

검은 바둑돌 수와 흰 바둑돌
수의 비
➡ 17 : 20

06
경주의 첨성대 높이가 약 900 cm인데,
첨성대 미니어처 높이는 12 cm입니다.

첨성대의 높이와 미니어처
높이의 비
➡ 75 : 1

4. 비례식 **21**

21쪽

01 (여학생 수)=504−210=294(명)

(남학생 수) : (여학생 수)

5 : 7

최대공약수: 2×3×7=42

02

(참돌고래 / 무게) : (남방큰돌고래 / 무게)

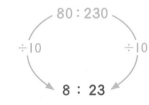

8 : 23

최대공약수: 10

03

(금요일 / 관객 수) : (토요일 / 관객 수)

20 : 27

최대공약수: 2×2×2=8

04

(한샘이의 / 기록) : (선아의 / 기록)

2 : 3

최대공약수: 10×7=70

05 (흰 바둑돌 수)=85+15=100(개)

(검은 바둑돌 수) : (흰 바둑돌 수)

17 : 20

최대공약수: 5

06

(첨성대 높이) : (미니어처 높이)

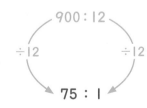

75 : 1

최대공약수: 3×2×2=12

3 분수와 소수의 비

▶ 정답 및 해설 5쪽
3204

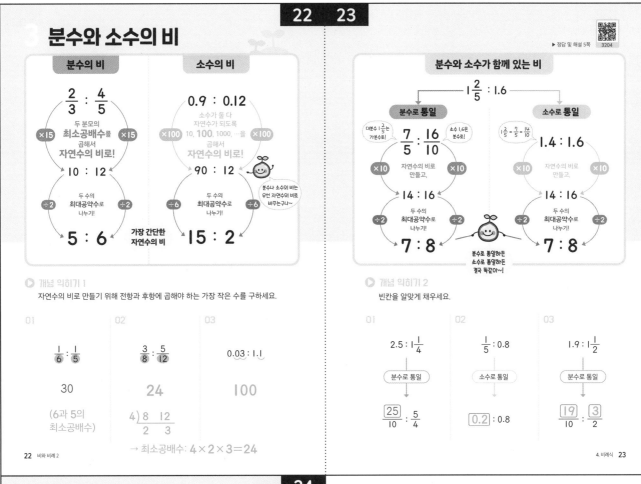

개념 익히기 1

자연수의 비로 만들기 위해 전항과 후항에 곱해야 하는 가장 작은 수를 구하세요.

01

$\frac{1}{6} : \frac{1}{5}$

30

(6과 5의 최소공배수)

02

$\frac{3}{8} : \frac{5}{12}$

24

$\begin{array}{r|ll} 4) & 8 & 12 \\ \hline & 2 & 3 \end{array}$

→ 최소공배수: $4 \times 2 \times 3 = 24$

03

$0.03 : 1.1$

100

개념 익히기 2

빈칸을 알맞게 채우세요.

01

$2.5 : 1\frac{1}{4}$

[분수로 통일]

$\frac{\boxed{25}}{10} : \frac{5}{4}$

02

$\frac{1}{5} : 0.8$

[소수로 통일]

$\boxed{0.2} : 0.8$

03

$1.9 : 1\frac{1}{2}$

[분수로 통일]

$\frac{\boxed{19}}{10} : \frac{\boxed{3}}{2}$

개념 다지기 1

주어진 비를 가장 간단한 자연수의 비 나타내는 과정입니다.
빈칸을 알맞게 채우세요.

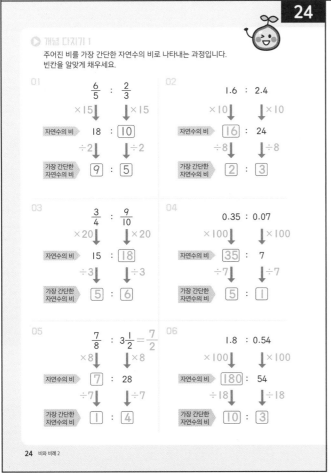

01

$\frac{6}{5} : \frac{2}{3}$

×15 ↓　↓×15

자연수의 비　18 : $\boxed{10}$

÷2 ↓　↓÷2

가장 간단한 자연수의 비　$\boxed{9}$: $\boxed{5}$

02

$1.6 : 2.4$

×10 ↓　↓×10

자연수의 비　$\boxed{16}$: 24

÷8 ↓　↓÷8

가장 간단한 자연수의 비　$\boxed{2}$: $\boxed{3}$

03

$\frac{3}{4} : \frac{9}{10}$

×20 ↓　↓×20

자연수의 비　15 : $\boxed{18}$

÷3 ↓　↓÷3

가장 간단한 자연수의 비　$\boxed{5}$: $\boxed{6}$

04

$0.35 : 0.07$

×100 ↓　↓×100

자연수의 비　$\boxed{35}$: 7

÷7 ↓　↓÷7

가장 간단한 자연수의 비　$\boxed{5}$: $\boxed{1}$

05

$\frac{7}{8} : 3\frac{1}{2} = \frac{7}{2}$

×8 ↓　↓×8

자연수의 비　$\boxed{7}$: 28

÷7 ↓　↓÷7

가장 간단한 자연수의 비　$\boxed{1}$: $\boxed{4}$

06

$1.8 : 0.54$

×100 ↓　↓×100

자연수의 비　$\boxed{180}$: 54

÷18 ↓　↓÷18

가장 간단한 자연수의 비　$\boxed{10}$: $\boxed{3}$

※ 소수로 통일해서 풀어도 됩니다.

01

$$\frac{3}{5} : 0.8$$

↓ 분수로 통일

$$\frac{3}{5} : \frac{8}{10}$$

$\times 10$　　$\times 10$

$$6 : 8$$

$\div 2$　　$\div 2$

3 : 4

02

$$\frac{1}{2} : 1.5$$

↓ 분수로 통일

$$\frac{1}{2} : \frac{15}{10}$$

$\times 10$　　$\times 10$

$$5 : 15$$

$\div 5$　　$\div 5$

1 : 3

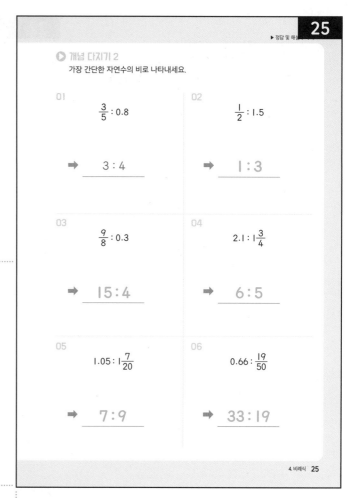

개념 다지기 2

가장 간단한 자연수의 비로 나타내세요.

01
$$\frac{3}{5} : 0.8$$
➡ 　3 : 4

02
$$\frac{1}{2} : 1.5$$
➡ 　1 : 3

03
$$\frac{9}{8} : 0.3$$
➡ 　15 : 4

04
$$2.1 : 1\frac{3}{4}$$
➡ 　6 : 5

05
$$1.05 : 1\frac{7}{20}$$
➡ 　7 : 9

06
$$0.66 : \frac{19}{50}$$
➡ 　33 : 19

4. 비례식 **25**

03

$$\frac{9}{8} : 0.3$$

↓ 분수로 통일

$$\frac{9}{8} : \frac{3}{10}$$

$\times 40$　　$\times 40$

$$45 : 12$$

$\div 3$　　$\div 3$

15 : 4

04

$$2.1 : 1\frac{3}{4}$$

↓ 분수로 통일

$$\frac{21}{10} : \frac{7}{4}$$

$\times 20$　　$\times 20$

$$42 : 35$$

$\div 7$　　$\div 7$

6 : 5

05

$$1.05 : 1\frac{7}{20}$$

↓ 분수로 통일

$$\frac{105}{100} : \frac{27}{20}$$

$\times 100$　　$\times 100$

$$105 : 135$$

$\div 15$　　$\div 15$

7 : 9

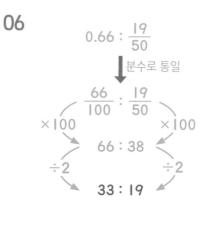

```
5)105   135
3) 21    27
    7     9
```

최대공약수
: 5×3=15

06

$$0.66 : \frac{19}{50}$$

↓ 분수로 통일

$$\frac{66}{100} : \frac{19}{50}$$

$\times 100$　　$\times 100$

$$66 : 38$$

$\div 2$　　$\div 2$

33 : 19

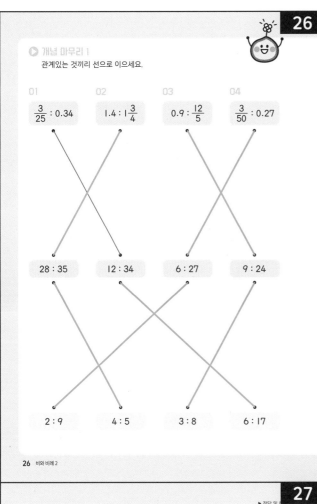

▶ 개념 마무리 1
관계있는 것끼리 선으로 이으세요.

01 $\frac{3}{25}:0.34$ 02 $1.4:1\frac{3}{4}$ 03 $0.9:\frac{12}{5}$ 04 $\frac{3}{50}:0.27$

28 : 35   12 : 34   6 : 27   9 : 24

2 : 9   4 : 5   3 : 8   6 : 17

26 비와 비례 2

27

▶ 정답 및 해설 7쪽

▶ 개념 마무리 2
공의 무게의 비를 가장 간단한 자연수의 비로 나타내세요.

| 럭비공 0.45 kg | 야구공 0.14 kg | 배구공 $\frac{7}{25}$ kg |
| 농구공 0.6 kg | 볼링공 $4\frac{1}{2}$ kg | 축구공 $\frac{21}{50}$ kg |

01 배구공 : 농구공
$$\frac{7}{25}:0.6$$
➡ 7 : 15

02 야구공 : 축구공
➡ 1 : 3

03 럭비공 : 볼링공
➡ 1 : 10

04 농구공 : 축구공
➡ 10 : 7

4. 비례식 27

26쪽   ※ 소수로 통일해서 풀어도 됩니다.

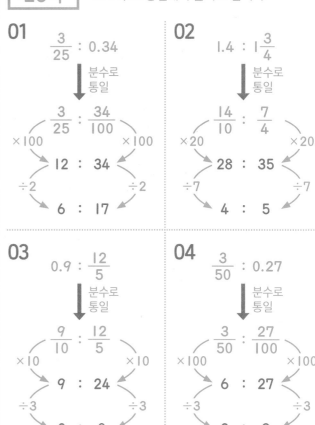

01 $\frac{3}{25}:0.34$ → 분수로 통일 → $\frac{3}{25}:\frac{34}{100}$ ×100 → 12 : 34 ÷2 → 6 : 17

02 $1.4:1\frac{3}{4}$ → 분수로 통일 → $\frac{14}{10}:\frac{7}{4}$ ×20 → 28 : 35 ÷7 → 4 : 5

03 $0.9:\frac{12}{5}$ → 분수로 통일 → $\frac{9}{10}:\frac{12}{5}$ ×10 → 9 : 24 ÷3 → 3 : 8

04 $\frac{3}{50}:0.27$ → 분수로 통일 → $\frac{3}{50}:\frac{27}{100}$ ×100 → 6 : 27 ÷3 → 2 : 9

27쪽   ※ 소수로 통일해서 풀어도 됩니다.

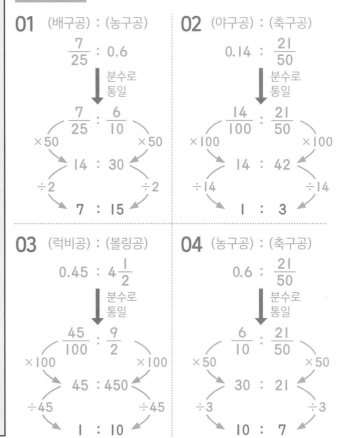

01 (배구공) : (농구공)
$\frac{7}{25}:0.6$ → 분수로 통일 → $\frac{7}{25}:\frac{6}{10}$ ×50 → 14 : 30 ÷2 → 7 : 15

02 (야구공) : (축구공)
$0.14:\frac{21}{50}$ → 분수로 통일 → $\frac{14}{100}:\frac{21}{50}$ ×100 → 14 : 42 ÷14 → 1 : 3

03 (럭비공) : (볼링공)
$0.45:4\frac{1}{2}$ → 분수로 통일 → $\frac{45}{100}:\frac{9}{2}$ ×100 → 45 : 450 ÷45 → 1 : 10

04 (농구공) : (축구공)
$0.6:\frac{21}{50}$ → 분수로 통일 → $\frac{6}{10}:\frac{21}{50}$ ×50 → 30 : 21 ÷3 → 10 : 7

4 비례식

▶ 정답 및 해설 8쪽
3205

양쪽이 **'같다'**는 뜻

이렇게 쓴 게 비례식이야!

예 1 + 2 = 3
1과 2의 합은 3과 같다

➡ 비례식은 등호 양쪽의 비가 같다는 의미!

비가 같다는 것의 의미

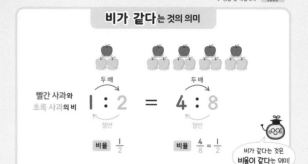

빨간 사과와 초록 사과의 비

두배 1 : 2 = 4 : 8 두배
절반　　　　　　절반

비율 $\frac{1}{2}$　　　비율 $\frac{4}{8} = \frac{1}{2}$

비가 같다는 것은 비율이 같다는 의미!

비율이 같은 두 비를
등호 ＝ 를 사용하여 나타낸 식 **비례식**

▶ 개념 익히기 1

비례식이 되도록 ○ 안에 알맞은 기호를 쓰세요.

01
　　5 : 3 = 10 ⨀ 6

02
　　1 : 4 ⊜ 5 : 20

03
　　2 ⨀ 7 = 6 : 21

▶ 개념 익히기 2

비율을 기약분수로 나타내고, 주어진 비와 비율이 같은 비에 ○표 하세요.

01 $\frac{2}{6} = \frac{1}{3}$
2 : 6 ➡ 비율: $\frac{1}{3}$
$\frac{6}{12} = \frac{1}{2}$
6 : 12 ➡ 비율: $\frac{1}{2}$
③ : ⑨ ➡ 비율: $\frac{1}{3}$
$\frac{3}{9} = \frac{1}{3}$

02 $\frac{3}{15} = \frac{1}{5}$
3 : 15 ➡ 비율: $\frac{1}{5}$
① : ⑤ ➡ 비율: $\frac{1}{2}$
15 : 30 ➡ 비율: $\frac{1}{2}$
$\frac{15}{30} = \frac{1}{2}$

03 $\frac{4}{16} = \frac{1}{4}$
4 : 16 ➡ 비율: $\frac{1}{4}$
$\frac{8}{40} = \frac{1}{5}$
8 : 40 ➡ 비율: $\frac{1}{5}$
② : ⑧ ➡ 비율: $\frac{1}{4}$
$\frac{2}{8} = \frac{1}{4}$

▶ 개념 다지기 1

빈칸에 알맞은 수를 쓰고, 주어진 비와 비례식을 만들 수 있는 비를 찾아 ○표 하세요.

01
5 배
1 : 5
$\frac{1}{5}$배　5배　6배
5 : 1　(2 : 10)　4 : 24

02
6 : 2
3 배
(24 : 8)　36 : 9　10 : 5
3배　4배　2배

03
4 배
3 : 12
5배　2배　4배
4 : 20　8 : 16　(6 : 24)

04
8 : 4
2 배
(20 : 10)　28 : 7　9 : 3
2배　4배　3배

05
3배
5 : 15
5배　4배　3배
3 : 15　4 : 16　(7 : 21)

06
30 : 6
5배
54 : 9　(40 : 8)　36 : 4
6배　5배　9배

▶ 개념 다지기 2

비례식을 만들 수 있는 두 비에 ○표 하고, 비례식으로 나타내세요.

01
3배　3배
(1 : 3)　3 : 1　(2 : 6)
1 : 3 = 2 : 6
(또는 2 : 6 = 1 : 3)

02
2배　2배
2 : 1　(4 : 8)　(7 : 14)
4 : 8 = 7 : 14
(또는 7 : 14 = 4 : 8)

03
4배　4배
(2 : 8)　(3 : 12)　5 : 10
2 : 8 = 3 : 12
(또는 3 : 12 = 2 : 8)

04
(18 : 6)　5 : 30　(24 : 8)
3배　3배
18 : 6 = 24 : 8
(또는 24 : 8 = 18 : 6)

05
5배　5배
(2 : 10)　(7 : 35)　10 : 2
2 : 10 = 7 : 35
(또는 7 : 35 = 2 : 10)

06
9 : 3　(12 : 3)　(16 : 4)
4배　4배
12 : 3 = 16 : 4
(또는 16 : 4 = 12 : 3)

▶ 정답 및 해설 9쪽

○ 개념 마무리 1

비례식을 만들 수 있는 비끼리 선으로 이으세요.

→ 비율이 같은 비

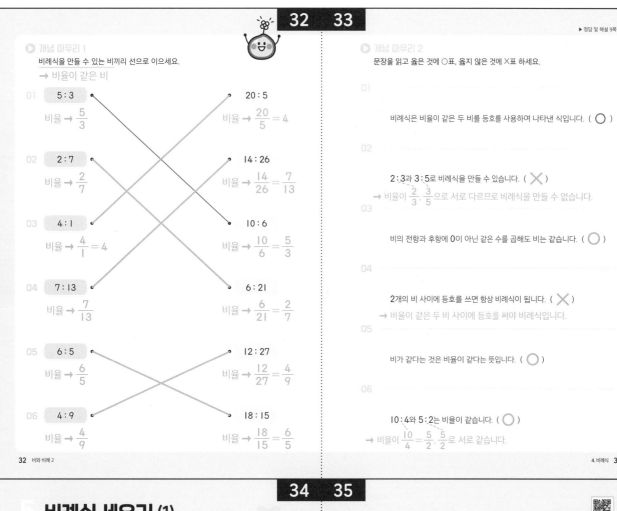

01 5:3   비율 → $\frac{5}{3}$ 20:5 비율 → $\frac{20}{5} = 4$

02 2:7   비율 → $\frac{2}{7}$ 14:26 비율 → $\frac{14}{26} = \frac{7}{13}$

03 4:1   비율 → $\frac{4}{1} = 4$ 10:6 비율 → $\frac{10}{6} = \frac{5}{3}$

04 7:13   비율 → $\frac{7}{13}$ 6:21 비율 → $\frac{6}{21} = \frac{2}{7}$

05 6:5   비율 → $\frac{6}{5}$ 12:27 비율 → $\frac{12}{27} = \frac{4}{9}$

06 4:9   비율 → $\frac{4}{9}$ 18:15 비율 → $\frac{18}{15} = \frac{6}{5}$

○ 개념 마무리 2

문장을 읽고 옳은 것에 ○표, 옳지 않은 것에 ✕표 하세요.

01 비례식은 비율이 같은 두 비를 등호를 사용하여 나타낸 식입니다. (○)

02 2:3과 3:5로 비례식을 만들 수 있습니다. (✕)
→ 비율이 $\frac{2}{3}$, $\frac{3}{5}$으로 서로 다르므로 비례식을 만들 수 없습니다.

03 비의 전항과 후항에 0이 아닌 같은 수를 곱해도 비는 같습니다. (○)

04 2개의 비 사이에 등호를 쓰면 항상 비례식이 됩니다. (✕)
→ 비율이 같은 두 비 사이에 등호를 써야 비례식입니다.

05 비가 같다는 것은 비율이 같다는 뜻입니다. (○)

06 10:4와 5:2는 비율이 같습니다. (○)
→ 비율이 $\frac{10}{4} = \frac{5}{2}$, $\frac{5}{2}$로 서로 같습니다.

---

5 비례식 세우기 (1)

▶ 정답 및 해설 9쪽

3206

닮은 두 상황은 비례식으로 쓸 수 있어!

상황 1
오리 배 1척에 사람 3명이 탈 수 있어요.

상황 2
오리 배 20척에 사람 60명이 탈 수 있어요.

1 : 3 = 20 : 60

두 상황이 서로 닮았어~

배 1척에   3명!   배 20척에   60명!

닮은 상황을 같은 순서로 쓰면 돼~

순서를 바꾸어 또 다른 비례식 만들기

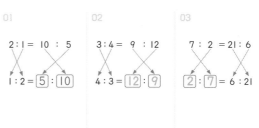

오리 배 먼저   사람 나중   오리 배 먼저   사람 나중

1 : 3 = 2 : 6

3 : 1 = 6 : 2

사람 먼저 오리 배 나중   사람 먼저 오리 배 나중

비례식에서 전항은 전항끼리, 후항은 후항끼리 같은 것을 의미해!

사람
3 : 1 = 6 : 2 (○)
오리 배

3 : 1 = 2 : 6 (✕)

○ 개념 익히기 1

두 상황을 보고 비례식으로 나타내세요.

01 상황 1 접시 1개에 떡이 3개
    상황 2 접시 4개에 떡이 12개
    ➡ 1 : 3 = 4 : 12

02 상황 1 5명이 보트 1대
    상황 2 15명이 보트 3대
    ➡ 5 : 1 = 15 : 3

03 상황 1 생수 6병에 900원
    상황 2 생수 12병에 1800원
    ➡ 6 : 900 = 12 : 1800

○ 개념 익히기 2

순서를 바꾸어 또 다른 비례식을 만들 때, 빈칸을 알맞게 채우세요.

01 2 : 1 = 10 : 5
    1 : 2 = 5 : 10

02 3 : 4 = 9 : 12
    4 : 3 = 12 : 9

03 7 : 2 = 21 : 6
    2 : 7 = 6 : 21

정답 및 해설 **9**

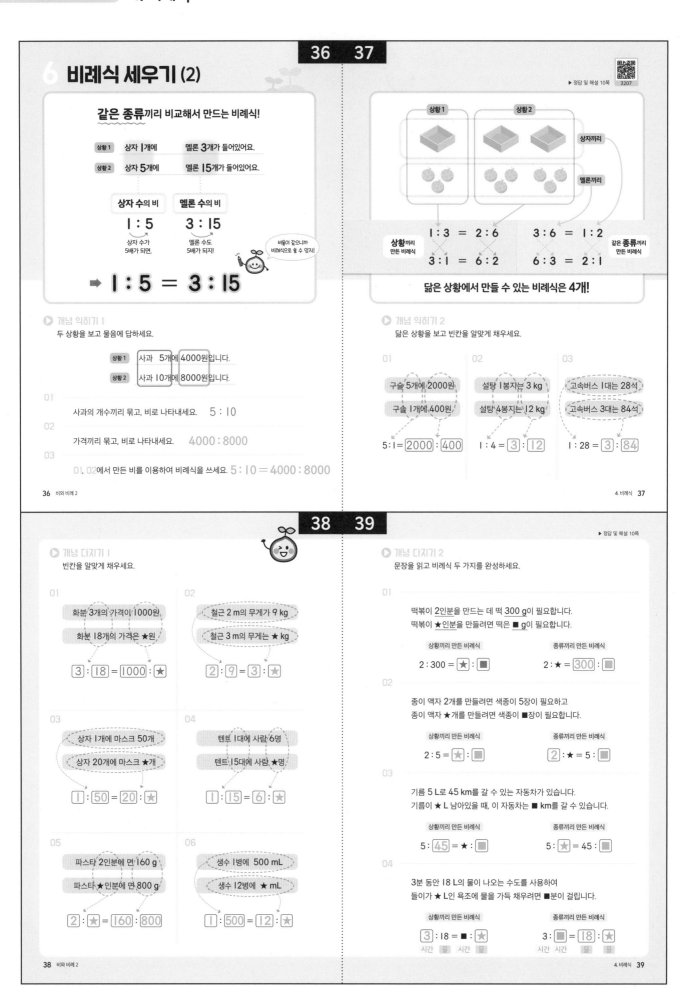

01
① 키위 **24**개로 주스 **10**잔
② 키위 **60**개로 주스 **25**잔

(상황끼리)
키위 주스 키위 주스
24 : 10 = 60 : 25
10 : 24 = 25 : 60

(종류끼리)
키위 키위 주스 주스
24 : 60 = 10 : 25
60 : 24 = 25 : 10

02
① 밀가루 **100** g으로 과자 **24**개
② 밀가루 **250** g으로 과자 **60**개

(상황끼리)
밀가루 과자 밀가루 과자
100 : 24 = 250 : 60
24 : 100 = 60 : 250

(종류끼리)
밀가루 밀가루 과자 과자
100 : 250 = 24 : 60
250 : 100 = 60 : 24

03
① 가로 **24** cm, 세로 **60** cm
② 가로 **4** cm, 세로 **10** cm

(상황끼리)
가로 세로 가로 세로
24 : 60 = 4 : 10
60 : 24 = 10 : 4

(종류끼리)
가로 가로 세로 세로
24 : 4 = 60 : 10
4 : 24 = 10 : 60

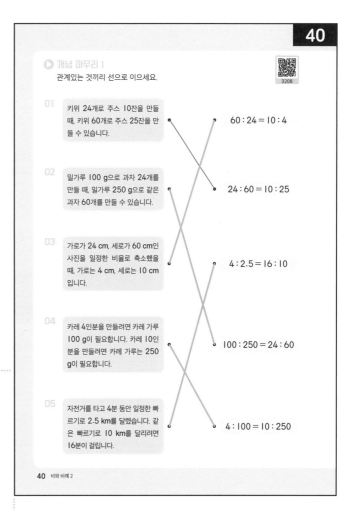

개념 마무리 1
관계있는 것끼리 선으로 이으세요.

3208

01 키위 24개로 주스 10잔을 만들 때, 키위 60개로 주스 25잔을 만들 수 있습니다.

02 밀가루 100 g으로 과자 24개를 만들 때, 밀가루 250 g으로 같은 과자 60개를 만들 수 있습니다.

03 가로가 24 cm, 세로가 60 cm인 사진을 일정한 비율로 축소했을 때, 가로는 4 cm, 세로는 10 cm 입니다.

04 카레 4인분을 만들려면 카레 가루 100 g이 필요합니다. 카레 10인분을 만들려면 카레 가루는 250 g이 필요합니다.

05 자전거를 타고 4분 동안 일정한 빠르기로 2.5 km를 달렸습니다. 같은 빠르기로 10 km를 달리려면 16분이 걸립니다.

60 : 24 = 10 : 4
24 : 60 = 10 : 25
4 : 2.5 = 16 : 10
100 : 250 = 24 : 60
4 : 100 = 10 : 250

40 비와 비례 2

04
① 카레 **4**인분에 카레 가루 **100** g
② 카레 **10**인분에 카레 가루 **250** g

(상황끼리)
카레 가루 카레 가루
4 : 100 = 10 : 250
100 : 4 = 250 : 10

(종류끼리)
카레 카레 가루 가루
4 : 10 = 100 : 250
10 : 4 = 250 : 100

05
① **4**분 동안 **2.5** km 달림
② **16**분 동안 **10** km 달림

(상황끼리)
시간 거리 시간 거리
4 : 2.5 = 16 : 10
2.5 : 4 = 10 : 16

(종류끼리)
시간 시간 세로 세로
4 : 16 = 2.5 : 10
16 : 4 = 10 : 2.5

정답 및 해설

▶ 정답 및 해설 11~12쪽

41쪽

01 ① 가로 **6** cm, 세로 **5** cm인 직사각형
② 가로 **24** cm, 세로 **★** cm인 직사각형

	가로	세로	가로	세로
➡	6 :	5 =	24 :	★

	가로	세로	가로	세로
(상황끼리)	6 :	5 =	**24** :	★

	가로	가로	세로	세로
(종류끼리)	6 :	**24** =	5 :	**★**

02 ① 한 봉지에 사탕 **3**개
② **★**개 봉지에 사탕 **45**개

	봉지	사탕	봉지	사탕
➡	1 :	3 =	★ :	45

	봉지	사탕	봉지	사탕
(상황끼리)	1 :	3 =	★ :	**45**

	봉지	봉지	사탕	사탕
(종류끼리)	1 :	**★** =	3 :	**45**

03 ① 색종이 **27**장으로 종이 액자 **12**개
② 색종이 **★**장으로 종이 액자 **4**개

	색종이	액자	색종이	액자
➡	27 :	12 =	★ :	4

	색종이	액자	색종이	액자
(상황끼리)	**27** :	12 =	★ :	4

12 : **27** = 4 : **★**

04 ① 2 km를 가는 데 **18**분 걸림
② 7 km를 가는 데 **★**분 걸림

	거리	시간	거리	시간
➡	2 :	18 =	7 :	★

	거리	시간	거리	시간
(상황끼리)	2 :	**18** =	7 :	**★**

	거리	거리	시간	시간
(종류끼리)	2 :	7 =	18 :	★

7 : 2 = **★** : 18

41

개념 마무리 2

두 학생이 같은 상황을 보고 서로 다르게 비례식을 썼습니다. 빈칸을 알맞게 채우세요.

3209

01
가로가 6 cm, 세로가 5 cm인 직사각형을 일정한 비율로 확대하여 가로 24 cm, 세로가 ★ cm가 되었어.
6 : 5 = **24** : ★
6 : **24** = 5 : ★

02
한 봉지에 사탕을 3개씩 넣어서 포장할 때, 사탕 45개를 포장하려면 봉지는 ★개가 필요해.
1 : 3 = ★ : **45**
1 : **★** = 3 : **45**

03
색종이 27장으로 종이 액자 12개를 만들었어. 같은 방법으로 종이 액자 4개를 만들 때, 사용한 색종이는 ★장이야.
27 : 12 = ★ : 4
12 : **27** = 4 : **★**

04
자전거로 2 km를 가는 데 18분이 걸렸어. 같은 빠르기로 7 km를 가면 ★분이 걸려.
2 : **18** = 7 : **★**
7 : 2 = **★** : 18

05
노트 5권과 형광펜 8자루를 한 묶음으로 만들 때, 노트 10권에 필요한 형광펜은 ★자루야.
5 : 10 = **8** : ★
8 : **5** = ★ : **10**

4. 비례식 **41**

---

05 ① 노트 **5**권과 형광펜 **8**자루
② 노트 **10**권과 형광펜 **★**자루

	노트	형광펜	노트	형광펜
➡	5 :	8 =	10 :	★

	노트	노트	형광펜	형광펜
(종류끼리)	5 :	10 =	**8** :	★

	노트	형광펜	노트	형광펜
(상황끼리)	5 :	8 =	10 :	★

8 : **5** = ★ : **10**

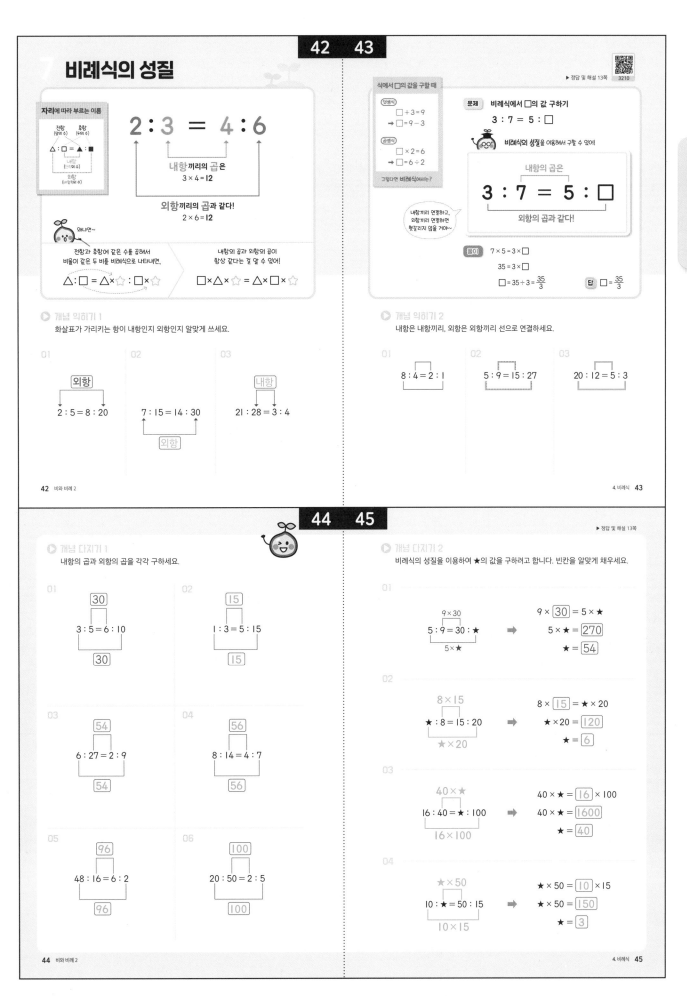

7 비례식의 성질

자리에 따라 부르는 이름

전항 후항
(앞의 수) (뒤의 수)
△ : □ = ▲ : ■
(안쪽의 수)
외항
(바깥쪽의 수)

$2 : 3 = 4 : 6$

내항끼리의 곱은
$3 \times 4 = 12$

외항끼리의 곱과 같다!
$2 \times 6 = 12$

왜냐면~

전항과 후항에 같은 수를 곱해서
비율이 같은 두 비를 비례식으로 나타내면,

$△ : □ = △ \times ☆ : □ \times ☆$

내항의 곱과 외항의 곱이
항상 같다는 걸 알 수 있어!

$□ \times △ \times ☆ = △ \times □ \times ☆$

▶ 정답 및 해설 13쪽

식에서 □의 값을 구할 때

(덧셈식)
$□ + 3 = 9$
→ $□ = 9 - 3$

(곱셈식)
$□ \times 2 = 6$
→ $□ = 6 \div 2$

그렇다면 비례식에서는?

문제 비례식에서 □의 값 구하기

$3 : 7 = 5 : □$

비례식의 성질을 이용해서 구할 수 있어!

내항의 곱은
$3 : 7 = 5 : □$
외항의 곱과 같다!

내항끼리 연결하고,
외항끼리 연결하면
헷갈리지 않을 거야~

풀이 $7 \times 5 = 3 \times □$

$35 = 3 \times □$

$□ = 35 \div 3 = \frac{35}{3}$ **답** $□ = \frac{35}{3}$

▶ 개념 익히기 1
화살표가 가리키는 항이 내항인지 외항인지 알맞게 쓰세요.

01
외항
$2 : 5 = 8 : 20$

02
$7 : 15 = 14 : 30$
외항

03
내항
$21 : 28 = 3 : 4$

▶ 개념 익히기 2
내항은 내항끼리, 외항은 외항끼리 선으로 연결하세요.

01
$8 : 4 = 2 : 1$

02
$5 : 9 = 15 : 27$

03
$20 : 12 = 5 : 3$

▶ 개념 다지기 1
내항의 곱과 외항의 곱을 각각 구하세요.

01
30
$3 : 5 = 6 : 10$
30

02
15
$1 : 3 = 5 : 15$
15

03
54
$6 : 27 = 2 : 9$
54

04
56
$8 : 14 = 4 : 7$
56

05
96
$48 : 16 = 6 : 2$
96

06
100
$20 : 50 = 2 : 5$
100

▶ 정답 및 해설 13쪽

▶ 개념 다지기 2
비례식의 성질을 이용하여 ★의 값을 구하려고 합니다. 빈칸을 알맞게 채우세요.

01
9×30
$5 : 9 = 30 : ★$
$5 \times ★$
➡
$9 \times 30 = 5 \times ★$
$5 \times ★ = 270$
$★ = 54$

02
8×15
$★ : 8 = 15 : 20$
$★ \times 20$
➡
$8 \times 15 = ★ \times 20$
$★ \times 20 = 120$
$★ = 6$

03
$40 \times ★$
$16 : 40 = ★ : 100$
16×100
➡
$40 \times ★ = 16 \times 100$
$40 \times ★ = 1600$
$★ = 40$

04
$★ \times 50$
$10 : ★ = 50 : 15$
10×15
➡
$★ \times 50 = 10 \times 15$
$★ \times 50 = 150$
$★ = 3$

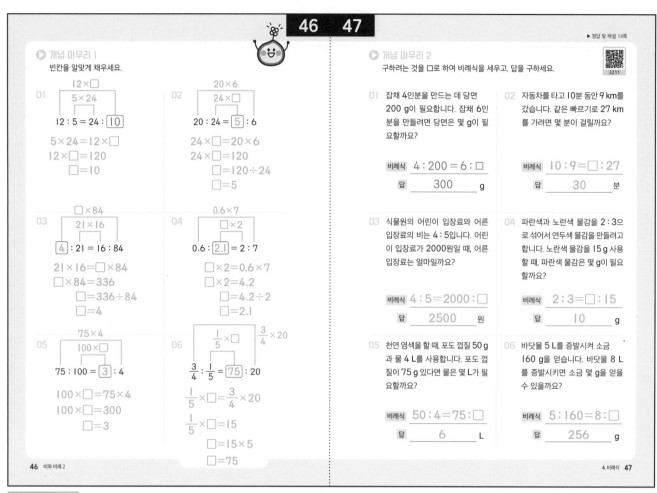

▶ 정답 및 해설 14쪽

46　47

▶ 개념 마무리 1
빈칸을 알맞게 채우세요.

01
$$12 \times \square$$
$$5 \times 24$$
$$12 : 5 = 24 : \boxed{10}$$
$$5 \times 24 = 12 \times \square$$
$$12 \times \square = 120$$
$$\square = 10$$

02
$$20 \times 6$$
$$24 \times \square$$
$$20 : 24 = \boxed{5} : 6$$
$$24 \times \square = 20 \times 6$$
$$24 \times \square = 120$$
$$\square = 120 \div 24$$
$$\square = 5$$

03
$$\square \times 84$$
$$21 \times 16$$
$$\boxed{4} : 21 = 16 : 84$$
$$21 \times 16 = \square \times 84$$
$$\square \times 84 = 336$$
$$\square = 336 \div 84$$
$$\square = 4$$

04
$$\square \times 2$$
$$0.6 \times 7$$
$$0.6 : \boxed{2.1} = 2 : 7$$
$$\square \times 2 = 0.6 \times 7$$
$$\square \times 2 = 4.2$$
$$\square = 4.2 \div 2$$
$$\square = 2.1$$

05
$$75 \times 4$$
$$100 \times \square$$
$$75 : 100 = \boxed{3} : 4$$
$$100 \times \square = 75 \times 4$$
$$100 \times \square = 300$$
$$\square = 3$$

06
$$\frac{1}{5} \times \square$$
$$\frac{3}{4} \times 20$$
$$\frac{3}{4} : \frac{1}{5} = \boxed{75} : 20$$
$$\frac{1}{5} \times \square = \frac{3}{4} \times 20$$
$$\frac{1}{5} \times \square = 15$$
$$\square = 15 \times 5$$
$$\square = 75$$

▶ 개념 마무리 2
구하려는 것을 □로 하여 비례식을 세우고, 답을 구하세요.

3211

01 잡채 4인분을 만드는 데 당면 200 g이 필요합니다. 잡채 6인분을 만들려면 당면은 몇 g이 필요할까요?

비례식　4 : 200 = 6 : □
답　　300　g

02 자동차를 타고 10분 동안 9 km를 갔습니다. 같은 빠르기로 27 km를 가려면 몇 분이 걸릴까요?

비례식　10 : 9 = □ : 27
답　　30　분

03 식물원의 어린이 입장료와 어른 입장료의 비는 4 : 5입니다. 어린이 입장료가 2000원일 때, 어른 입장료는 얼마일까요?

비례식　4 : 5 = 2000 : □
답　　2500　원

04 파란색과 노란색 물감을 2 : 3으로 섞어서 연두색 물감을 만들려고 합니다. 노란색 물감을 15 g 사용할 때, 파란색 물감은 몇 g이 필요할까요?

비례식　2 : 3 = □ : 15
답　　10　g

05 천연 염색을 할 때, 포도 껍질 50 g과 물 4 L를 사용합니다. 포도 껍질이 75 g 있다면 물은 몇 L가 필요할까요?

비례식　50 : 4 = 75 : □
답　　6　L

06 바닷물 5 L를 증발시켜 소금 160 g을 얻습니다. 바닷물 8 L를 증발시키면 소금 몇 g을 얻을 수 있을까요?

비례식　5 : 160 = 8 : □
답　　256　g

47쪽　※ 비례식은 여러 가지 방법으로 세울 수 있습니다.

01
① 잡채 4인분에 당면 200 g
② 잡채 6인분은 당면 □ g

$$(비례식)\quad 4 : 200 = 6 : \square$$
$$200 \times 6 = 4 \times \square$$
$$4 \times \square = 1200$$
$$\square = 300$$

답 300 g

02
① 10분 동안 9 km 갔음
② □분 동안 27 km 가기

$$(비례식)\quad 10 : 9 = \square : 27$$
$$9 \times \square = 10 \times 27$$
$$9 \times \square = 270$$
$$\square = 30$$

답 30분

03 (어린이) : (어른) ➡ 4 : 5
어린이 입장료가 2000원일 때,
어른 입장료는 □원

$$(비례식)\quad 4 : 5 = 2000 : \square$$
$$5 \times 2000 = 4 \times \square$$
$$4 \times \square = 10000$$
$$\square = 2500$$

답 2500원

04 (파란색) : (노란색) ➡ 2 : 3
파란색 물감이 □ g일 때,
노란색 물감은 15 g 사용

$$(비례식)\quad 2 : 3 = \square : 15$$
$$3 \times \square = 2 \times 15$$
$$3 \times \square = 30$$
$$\square = 10$$

답 10 g

05
① 포도 껍질 50 g과 물 4 L
② 포도 껍질 75 g에 물은 □ L

$$(비례식)\quad 50 : 4 = 75 : \square$$
$$4 \times 75 = 50 \times \square$$
$$50 \times \square = 300$$
$$\square = 6$$

답 6 L

06
① 바닷물 5 L에 소금 160 g
② 바닷물 8 L에 소금 □ g

$$(비례식)\quad 5 : 160 = 8 : \square$$
$$160 \times 8 = 5 \times \square$$
$$5 \times \square = 1280$$
$$\square = 256$$

답 256 g

지금까지 비례식에 대해 살펴보았습니다.
얼마나 제대로 이해했는지 확인해 봅시다.

✅ 단원 마무리

1

120 : 96의 전항과 후항을 한 번만 나누어 가장 간단한 자연수의 비로 나타내려면
얼마로 나눠야 하는지 구하시오.　24

최대공약수: $4 \times 6 = 24$

2

수박과 참외의 무게의 비를 가장 간단한 자연수의 비로 나타내시오.　12 : 1

$4\frac{1}{5}$ kg　　0.35 kg

3

비율이 같은 두 비를 찾아 기호를 쓰시오.　ⓒ, ②

비율 $\frac{30}{16} = \frac{15}{8}$ ← ⊙ 30 : 16　　ⓒ 8 : 15 → 비율 $\frac{8}{15}$

비율 $\frac{8}{16} = \frac{1}{2}$ ←　ⓒ 8 : 16　　② 45 : 90 → 비율 $\frac{45}{90} = \frac{1}{2}$

4

비례식을 바르게 쓴 사람의 이름에 ○표 하시오.

준서　7 : 14 = 21 : 28

(한샘)　2 : 10 = 8 : 40

48　비와 비례 2

5

3 : 6 = 8 : 16을 보고 만들 수 있는 또 다른 비례식을 찾아 ○표 하시오.

8 : 3 = 6 : 16　(　)

3 : 6 = 16 : 8　(　)

6 : 3 = 16 : 8　(○)

6

비례식의 성질을 이용하여 ★의 값을 구하시오.　21

4 : 6 = 14 : ★

$6 \times 14 = 4 \times ★$
$4 \times ★ = 84$
$★ = 21$

7

국수 2인분을 만드는 데 면 180 g이 필요합니다. 국수 5인분을 만들려면 면은 몇 g
필요한지 구하시오.

450 g

8

전항이 5, 25이고 외항이 5, 60인 비례식을 쓰시오.

5 : 12 = 25 : 60

※50쪽 <서술형으로 확인>의 답은 정답 및 해설 48쪽에서 확인하세요.

4. 비례식　49

스스로 평가

맞은 개수 8개	매우 잘했어요.
맞은 개수 6~7개	실수한 문제를 확인하세요.
맞은 개수 5개	틀린 문제를 2번씩 풀어 보세요.
맞은 개수 1~4개	앞부분의 내용을 다시 한번 확인하세요.

정답 및 해설

48~49쪽

2　(수박의 무게) : (참외의 무게)

$4\frac{1}{5}$: 0.35

↓ 분수로 통일

$\frac{21}{5}$: $\frac{35}{100}$

×100　　×100

420 : 35

÷35　　÷35

12 : 1

4　준서　7 : 14 = 21 : 28

비율 $\frac{7}{14}$　비율 $\frac{21}{28}$

‖　　‖

$\frac{1}{2}$ ← 같지 않음 → $\frac{3}{4}$

한샘　2 : 10 = 8 : 40

비율 $\frac{2}{10}$　비율 $\frac{8}{40}$

‖　　‖

$\frac{1}{5}$ ＝ $\frac{1}{5}$

5

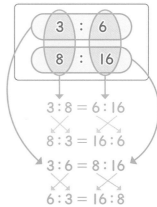

3 : 8 = 6 : 16

8 : 3 = 16 : 6

3 : 6 = 8 : 16

6 : 3 = 16 : 8

7　① 국수 2인분에 면 180 g

② 국수 5인분은 면 ☐ g

(비례식)　2 : 180 = 5 : ☐

180 × 5 = 2 × ☐

2 × ☐ = 900

☐ = 450

답 450 g

※ 2 : 5 = 180 : ☐로 풀어도 계산 결과는 같아요.

8　전항이 5, 25이고, 외항이 5, 60

가능
불가능

따라서 5 : ☐ = 25 : 60

▶ 비례식의 성질을 이용하여 풀면

5 : ☐ = 25 : 60

☐ × 25 = 5 × 60

☐ × 25 = 300

☐ = 300 ÷ 25

☐ = 12

답 5 : 12 = 25 : 60

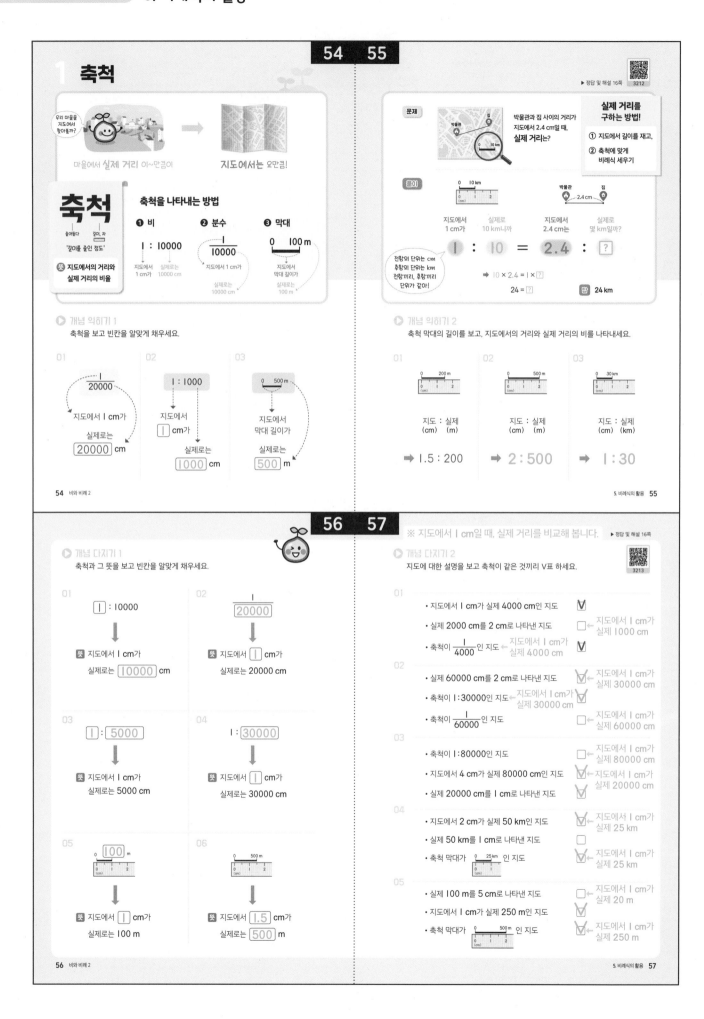

58

▶ 개념 마무리 1
구하려는 거리를 □로 하여 비례식을 세우고, 답을 구하세요.

01
0 [___] 50 m 의 막대 길이가 1 cm인 지도가 있습니다. 실제 거리 950 m는 지도에서 몇 cm일까요?

비례식 1 : 50 = □ : 950   답 19 cm

02
축척이 $\frac{1}{3000}$인 지도에서 5 cm인 거리는 실제로 몇 cm일까요?

비례식 1 : 3000 = 5 : □   답 15000 cm

03
축척이 1 : 20000인 지도에서 2.5 cm인 거리는 실제로 몇 cm일까요?

비례식 1 : 20000 = 2.5 : □   답 50000 cm

04
실제 거리 6000 cm는 축척이 1 : 1500인 지도에서 몇 cm일까요?

비례식 1 : 1500 = □ : 6000   답 4 cm

05
0 [___] 10 km 의 막대 길이가 2 cm인 지도가 있습니다. 지도에서 6 cm인 거리는 실제로 몇 km일까요?

비례식 2 : 10 = 6 : □   답 30 km

06
실제 거리 120000 cm는 축척이 1 : 40000인 지도에서 몇 cm일까요?

비례식 1 : 40000 = □ : 120000   답 3 cm

58 비와 비례 2

58쪽

01 0 [___] 50 m 의 막대 길이가 1 cm인 지도

지도   실제
(cm) (m)
➡ 1 : 50

실제 거리 950 m는 지도에서 <u>몇 cm</u>?

지도   실제
(cm) (m)
➡ ◯ : 950

(비례식) 1 : 50 = ◯ : 950

50 × ◯ = 1 × 950
50 × ◯ = 950
◯ = 950 ÷ 50
◯ = 19

답 19 cm

---

02 축척이 $\frac{1}{3000}$인 지도

지도   실제
➡ 1 : 3000

지도에서 5 cm인 거리는 실제로 <u>몇 cm</u>?

지도   실제
➡ 5 : ◯

(비례식) 1 : 3000 = 5 : ◯

3000 × 5 = 1 × ◯
1 × ◯ = 15000
◯ = 15000

답 15000 cm

---

03 축척이 1 : 20000인 지도

지도   실제
➡ 1 : 20000

지도에서 2.5 cm인 거리는 실제로 <u>몇 cm</u>?

지도   실제
➡ 2.5 : ◯

(비례식) 1 : 20000 = 2.5 : ◯

20000 × 2.5 = 1 × ◯
1 × ◯ = 50000
◯ = 50000

답 50000 cm

58쪽

04 축척이 1 : 1500인 지도

지도	실제

➡ 1 : 1500

실제 거리 6000 cm는 지도에서 <u>몇 cm</u>?

지도	실제

➡ ☐ : 6000

(비례식) 1 : 1500 = ☐ : 6000

$$1500 \times ☐ = 1 \times 6000$$
$$1500 \times ☐ = 6000$$
$$☐ = 6000 \div 1500$$
$$☐ = 4$$

답 4 cm

05 $\underset{0 \qquad 10}{\overline{\qquad\qquad}}$ km 의 막대 길이가 2 cm인 지도

지도 (cm)	실제 (km)

➡ 2 : 10

지도에서 6 cm인 거리는 실제로 <u>몇 km</u>?

지도 (cm)	실제 (km)

➡ 6 : ☐

(비례식) 2 : 10 = 6 : ☐

$$10 \times 6 = 2 \times ☐$$
$$2 \times ☐ = 60$$
$$☐ = 30$$

답 30 km

06 축척이 1 : 40000인 지도

지도	실제

➡ 1 : 40000

실제 거리 120000 cm는 지도에서 <u>몇 cm</u>?

지도	실제

➡ ☐ : 120000

(비례식) 1 : 40000 = ☐ : 120000

$$40000 \times ☐ = 1 \times 120000$$
$$40000 \times ☐ = 120000$$
$$☐ = 3$$

답 3 cm

※ 주어진 지도의 축척은 1 : 20000 실제 거리를 ⬜ cm라고 하여 비례식을 세웁니다.

01 편백나무 숲과 분수대
지도에서의 거리 ➡ 2 cm

| 지도 | 실제 | 지도 | 실제 |

$$1 : 20000 = 2 : ⬜$$

$$20000 × 2 = 1 × ⬜$$
$$1 × ⬜ = 40000$$
$$⬜ = 40000$$

실제 거리 ➡ **40000 cm**

02 숲속 도서관과 연못
지도에서의 거리 ➡ 4 cm

| 지도 | 실제 | 지도 | 실제 |

$$1 : 20000 = 4 : ⬜$$

$$20000 × 4 = 1 × ⬜$$
$$1 × ⬜ = 80000$$
$$⬜ = 80000$$

실제 거리 ➡ **80000 cm**

03 화장실과 온실
지도에서의 거리 ➡ 1.5 cm

| 지도 | 실제 | 지도 | 실제 |

$$1 : 20000 = 1.5 : ⬜$$

$$20000 × 1.5 = 1 × ⬜$$
$$1 × ⬜ = 30000$$
$$⬜ = 30000$$

실제 거리 ➡ **30000 cm**

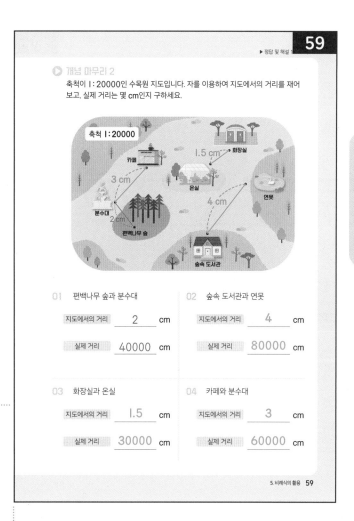

▶ 정답 및 해설

◉ 개념 마무리 2

축척이 1 : 20000인 수목원 지도입니다. 자를 이용하여 지도에서의 거리를 재어 보고, 실제 거리는 몇 cm인지 구하세요.

01	편백나무 숲과 분수대	02	숲속 도서관과 연못
지도에서의 거리	2 cm	지도에서의 거리	4 cm
실제 거리	40000 cm	실제 거리	80000 cm

03	화장실과 온실	04	카페와 분수대
지도에서의 거리	1.5 cm	지도에서의 거리	3 cm
실제 거리	30000 cm	실제 거리	60000 cm

5. 비례식의 활용 **59**

04 카페와 분수대
지도에서의 거리 ➡ 3 cm

| 지도 | 실제 | 지도 | 실제 |

$$1 : 20000 = 3 : ⬜$$

$$20000 × 3 = 1 × ⬜$$
$$1 × ⬜ = 60000$$
$$⬜ = 60000$$

실제 거리 ➡ **60000 cm**

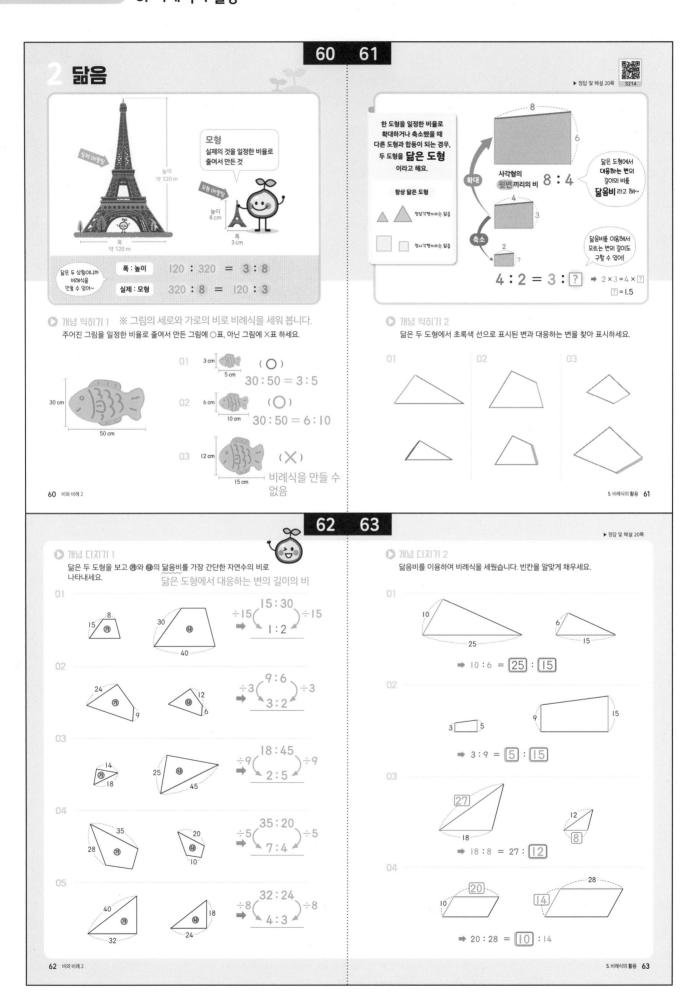

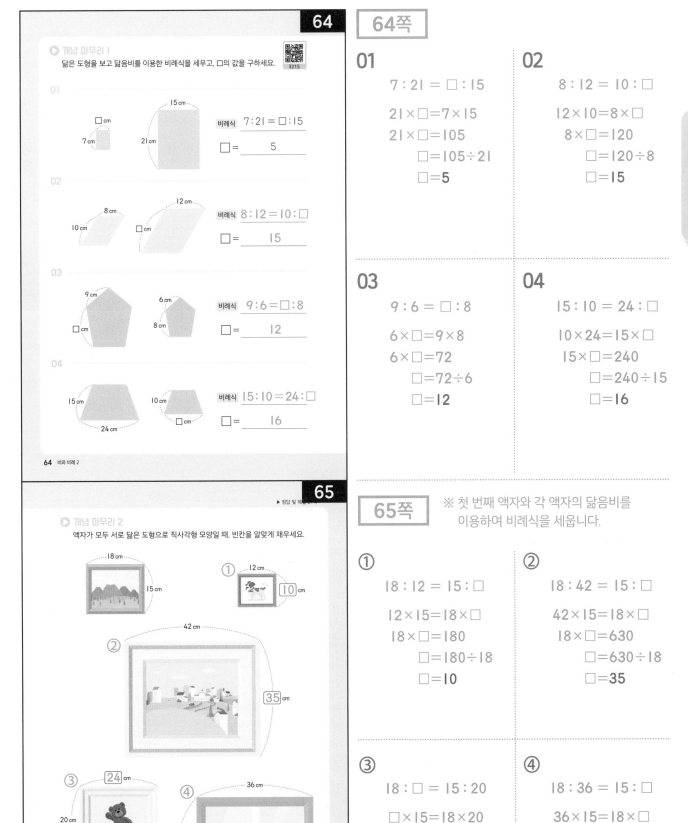

01

$7 : 21 = \square : 15$

$21 \times \square = 7 \times 15$

$21 \times \square = 105$

$\square = 105 \div 21$

$\square = 5$

02

$8 : 12 = 10 : \square$

$12 \times 10 = 8 \times \square$

$8 \times \square = 120$

$\square = 120 \div 8$

$\square = 15$

03

$9 : 6 = \square : 8$

$6 \times \square = 9 \times 8$

$6 \times \square = 72$

$\square = 72 \div 6$

$\square = 12$

04

$15 : 10 = 24 : \square$

$10 \times 24 = 15 \times \square$

$15 \times \square = 240$

$\square = 240 \div 15$

$\square = 16$

※ 첫 번째 액자와 각 액자의 닮음비를 이용하여 비례식을 세웁니다.

①

$18 : 12 = 15 : \square$

$12 \times 15 = 18 \times \square$

$18 \times \square = 180$

$\square = 180 \div 18$

$\square = 10$

②

$18 : 42 = 15 : \square$

$42 \times 15 = 18 \times \square$

$18 \times \square = 630$

$\square = 630 \div 18$

$\square = 35$

③

$18 : \square = 15 : 20$

$\square \times 15 = 18 \times 20$

$\square \times 15 = 360$

$\square = 360 \div 15$

$\square = 24$

④

$18 : 36 = 15 : \square$

$36 \times 15 = 18 \times \square$

$18 \times \square = 540$

$\square = 540 \div 18$

$\square = 30$

3 비로 나누기

66 67

▶ 정답 및 해설 22쪽
3216

구슬 10개를 　나 2개, 친구 8개로 　나누어 가졌습니다.

비로 나누기는 이렇게

10을 　1 : 4로 　나눈 것!

전체 10개

전체 10개

전체 5묶음

비로 나누기를 할 때,

(전항 + 후항)이 전체 묶음 수!

▶ **개념 익히기 1**
빈칸을 알맞게 채우고, 주어진 비로 막대를 나누어 보세요.

01
3 : 1 로 나누기
전체 4 묶음

02
2 : 3으로 나누기
전체 5 묶음

03
1 : 5로 나누기
전체 6 묶음

문제 구슬 60개를 친구와 내가 　3 : 1 로 나누어 가진다면,
친구가 가지는 구슬은 몇 개일까요?

3 : 1로 나누니까 전체 묶음 수는 3+1=4야~

풀이

전체 60개
친구 나
3   1
여기에 해당하는 것을 구하기

전체 60개
?개

60개 중의 ?개

3묶음
전체 4묶음

4묶음 중의 3묶음

　　전체　친구　　전체　친구
▶ **비례식 세우기**　60 개 : ? 개 ＝ 4 묶음 : 3 묶음

? × 4 ＝ 60 × 3

? × 4 ＝ 180

? ＝ 45

45개

▶ **개념 익히기 2**
전체를 주어진 비로 나눌 때, 색칠한 부분을 보고 빈칸을 알맞게 채우세요.

01
50개를 1 : 4로 나누기
전체 50 개
?개
4 묶음
전체 5 묶음

02
96개를 1 : 3으로 나누기
전체 96 개
?개
3 묶음
전체 4 묶음

03
72개를 5 : 3으로 나누기
전체 72 개
?개
5 묶음
전체 8 묶음

68 69

▶ 정답 및 해설 22쪽

▶ **개념 다지기 1**
그림을 보고 빈칸을 알맞게 채우세요.

01
전체 140개
★개
3묶음　4묶음

140개 중의 ★개는
7 묶음 중의 4 묶음

02
전체 50개
★개
3묶음
전체 5묶음

50 개 중의 ★개는
5묶음 중의 3 묶음

03
전체 300개
★개
5묶음
전체 6묶음

300개 중의 ★개는
6 묶음 중의 5 묶음

04
전체 104개
★개
5묶음　3묶음

104 개 중의 ★개는
8 묶음 중 5묶음

05
전체 252개
★개
7묶음　2묶음

252 개 중의 ★개는
9묶음 중의 7 묶음

06
전체 364개
★개
2묶음　5묶음

364개 중의 ★개는
7 묶음 중의 2 묶음

▶ **개념 다지기 2**
그림을 보고 전체와 ♥의 비를 이용한 비례식을 세워 보세요.

01
전체 48개
♥개
4묶음
전체 6묶음

48 : ♥ ＝ 6 : 4

02
전체 117개
♥개
5묶음
전체 9묶음

117 : ♥ ＝ 9 : 5

03
전체 320개
♥개
3묶음

320 : ♥ ＝ 8 : 3

04
전체 95개
♥개
4묶음

95 : ♥ ＝ 5 : 4

05
전체 84개
♥개
전체 7묶음

84 : ♥ ＝ 7 : 4

06
전체 540개
♥개
5묶음

540 : ♥ ＝ 12 : 7

※ 비의 순서를 바꿔서 만든 비례식도 정답입니다.

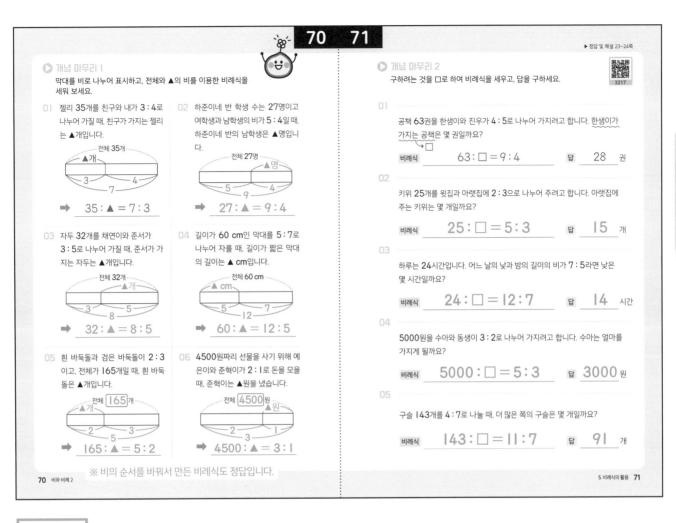

▶ 개념 마무리 1
막대를 비로 나누어 표시하고, 전체와 ▲의 비를 이용한 비례식을 세워 보세요.

01 젤리 35개를 친구와 내가 3 : 4로 나누어 가질 때, 친구가 가지는 젤리는 ▲개입니다.

전체 35개
▲개
3   4
7

➡ 35 : ▲ = 7 : 3

02 하준이네 반 학생 수는 27명이고 여학생과 남학생의 비가 5 : 4일 때, 하준이네 반의 남학생은 ▲명입니다.

전체 27명
▲명
5   4
9

➡ 27 : ▲ = 9 : 4

03 자두 32개를 채연이와 준서가 3 : 5로 나누어 가질 때, 준서가 가지는 자두는 ▲개입니다.

전체 32개
▲개
3   5
8

➡ 32 : ▲ = 8 : 5

04 길이가 60 cm인 막대를 5 : 7로 나누어 자를 때, 길이가 짧은 막대의 길이는 ▲ cm입니다.

전체 60 cm
▲ cm
5   7
12

➡ 60 : ▲ = 12 : 5

05 흰 바둑돌과 검은 바둑돌이 2 : 3이고, 전체가 165개일 때, 흰 바둑돌은 ▲개입니다.

전체 165개
▲개
2   3
5

➡ 165 : ▲ = 5 : 2

06 4500원짜리 선물을 사기 위해 예은이와 준혁이가 2 : 1로 돈을 모을 때, 준혁이는 ▲원을 냈습니다.

전체 4500원
▲원
2   1
3

➡ 4500 : ▲ = 3 : 1

※ 비의 순서를 바꿔서 만든 비례식도 정답입니다.

70 비와 비례 2

▶ 개념 마무리 2
구하려는 것을 □로 하여 비례식을 세우고, 답을 구하세요.

3217

01 공책 63권을 한샘이와 진우가 4 : 5로 나누어 가지려고 합니다. 한샘이가 가지는 공책은 몇 권일까요?
□

비례식 63 : □ = 9 : 4   답 28 권

02 키위 25개를 윗집과 아랫집에 2 : 3으로 나누어 주려고 합니다. 아랫집에 주는 키위는 몇 개일까요?

비례식 25 : □ = 5 : 3   답 15 개

03 하루는 24시간입니다. 어느 날의 낮과 밤의 길이의 비가 7 : 5라면 낮은 몇 시간일까요?

비례식 24 : □ = 12 : 7   답 14 시간

04 5000원을 수아와 동생이 3 : 2로 나누어 가지려고 합니다. 수아는 얼마를 가지게 될까요?

비례식 5000 : □ = 5 : 3   답 3000 원

05 구슬 143개를 4 : 7로 나눌 때, 더 많은 쪽의 구슬은 몇 개일까요?

비례식 143 : □ = 11 : 7   답 91 개

5. 비례식의 활용 71

71쪽

01 공책 63권을 한샘이와 진우가 4 : 5로 나눌 때, 한샘이가 가지는 공책은 몇 권?

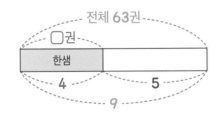

전체 63권
□권
한샘
4   5
9

전체 한샘 전체 한샘
(비례식) 63 : □ = 9 : 4

□ × 9 = 63 × 4
□ × 9 = 252
□ = 252 ÷ 9
□ = 28

답 28권

02 키위 25개를 윗집과 아랫집에 2 : 3으로 나눌 때, 아랫집에 주는 키위는 몇 개?

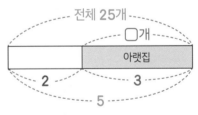

전체 25개
□개
아랫집
2   3
5

전체 아랫집 전체 아랫집
(비례식) 25 : □ = 5 : 3

□ × 5 = 25 × 3
□ × 5 = 75
□ = 75 ÷ 5
□ = 15

답 15개

71쪽

03 하루는 24시간, 낮과 밤의 길이의 비가 **7 : 5**라면 낮은 몇 시간?

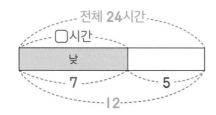

전체	낮	전체	낮

(비례식) 24 : □ = 12 : 7

□×12=24×7
□×12=168
□=168÷12
□=14

답 14시간

04 5000원을 수아와 동생이 **3 : 2**로 나눌 때, 수아는 얼마를 갖게 될까?

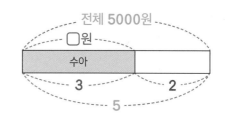

전체	수아	전체	수아

(비례식) 5000 : □ = 5 : 3

□×5=5000×3
□×5=15000
□=15000÷5
□=3000

답 3000원

05 구슬 143개를 **4 : 7**로 나눌 때, 더 많은 쪽의 구슬은 몇 개?

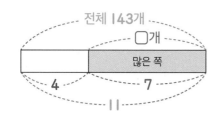

전체	많은 쪽	전체	많은 쪽

(비례식) 143 : □ = 11 : 7

□×11=143×7
□×11=1001
□=1001÷11
□=91

답 91개

4 비례배분 (1)

▶ 정답 및 해설 25쪽

비로 나누는 또 다른 방법

문제 구슬 60개를 친구와 내가 3 : 1로 나누어 가진다면, 친구가 가지는 구슬은 몇 개일까요?

풀이

전체 60개

③ ①

전체를 비로 배분하는 것을 **비례배분**이라고 해!

4묶음 중의 3묶음 ➡ $\dfrac{3}{4}$

4묶음 중의 1묶음 ➡ $\dfrac{1}{4}$

전체는 60개니까, $60 \times \dfrac{1}{4} = 15$

전체는 60개니까, $60 \times \dfrac{3}{4} = 45$

비 비에 맞춰서
례 차례로
배분 나누어 주는 것

답 45개

▶ **개념 익히기 1**

색칠한 부분이 전체의 얼마인지 빈칸에 알맞게 쓰세요.

01
전체

전체의 $\dfrac{2}{5}$

02
전체

전체의 $\dfrac{4}{7}$

03
전체

전체의 $\dfrac{5}{6}$

비례배분하는 식

전체를 △ : ■ 로 나눌 때

(△+■) 묶음 중 △ 묶음

(△+■) 묶음 중 ■ 묶음

△ 에 해당하는 양

$= \boxed{전체} \times \dfrac{△}{△+■}$

■ 에 해당하는 양

$= \boxed{전체} \times \dfrac{■}{△+■}$

▶ **개념 익히기 2**

빈칸을 알맞게 채우세요.

01
전체를 5 : 4로 나눌 때, 5에 해당하는 양

↓

$(전체) \times \dfrac{5}{\boxed{5}+\boxed{4}}$

02
전체를 2 : 3으로 나눌 때, 3에 해당하는 양

↓

$(전체) \times \dfrac{3}{\boxed{2}+\boxed{3}}$

03
전체를 7 : 5로 나눌 때, 7에 해당하는 양

↓

$(전체) \times \dfrac{7}{\boxed{7}+\boxed{5}}$

▶ 정답 및 해설 25쪽

▶ **개념 다지기 1**

막대를 주어진 비로 나누어 해당하는 만큼 색칠하고, 빈칸을 알맞게 채우세요.

01
◆개를 3 : 2로 나눌 때, 3에 해당하는 양

◆개

➡ ◆ × $\dfrac{3}{5}$

02
♥개를 1 : 4로 나눌 때, 4에 해당하는 양

♥개

➡ ♥ × $\dfrac{4}{5}$

03
★개를 2 : 5로 나눌 때, 2에 해당하는 양

★개

➡ ★ × $\dfrac{2}{7}$

04
■개를 3 : 1로 나눌 때, 1에 해당하는 양

■개

➡ ■ × $\dfrac{1}{4}$

05
●개를 7 : 2로 나눌 때, 2에 해당하는 양

●개

➡ ● × $\dfrac{2}{9}$

06
♣개를 5 : 3으로 나눌 때, 5에 해당하는 양

♣개

➡ ♣ × $\dfrac{5}{8}$

▶ **개념 다지기 2**

비례배분하는 방법입니다. 빈칸을 알맞게 채우세요.

01 20을 3 : 2로 나누기

전체 20

5묶음 중의 3묶음

5묶음 중의 2묶음

$20 \times \dfrac{3}{5}$

$20 \times \dfrac{2}{5}$

$= \boxed{12}$

$= \boxed{8}$

02 36을 2 : 7로 나누기

전체 36

9묶음 중의 2묶음

9묶음 중의 7묶음

$36 \times \dfrac{2}{9}$

$36 \times \dfrac{7}{9}$

$= \boxed{8}$

$= \boxed{28}$

03 44를 7 : 4로 나누기

전체 44

11묶음 중의 7묶음

11묶음 중의 4묶음

$44 \times \dfrac{7}{11}$

$44 \times \dfrac{4}{11}$

$= \boxed{28}$

$= \boxed{16}$

04 56을 4 : 3으로 나누기

전체 56

7묶음 중의 4묶음

7묶음 중의 3묶음

$56 \times \dfrac{4}{7}$

$56 \times \dfrac{3}{7}$

$= \boxed{32}$

$= \boxed{24}$

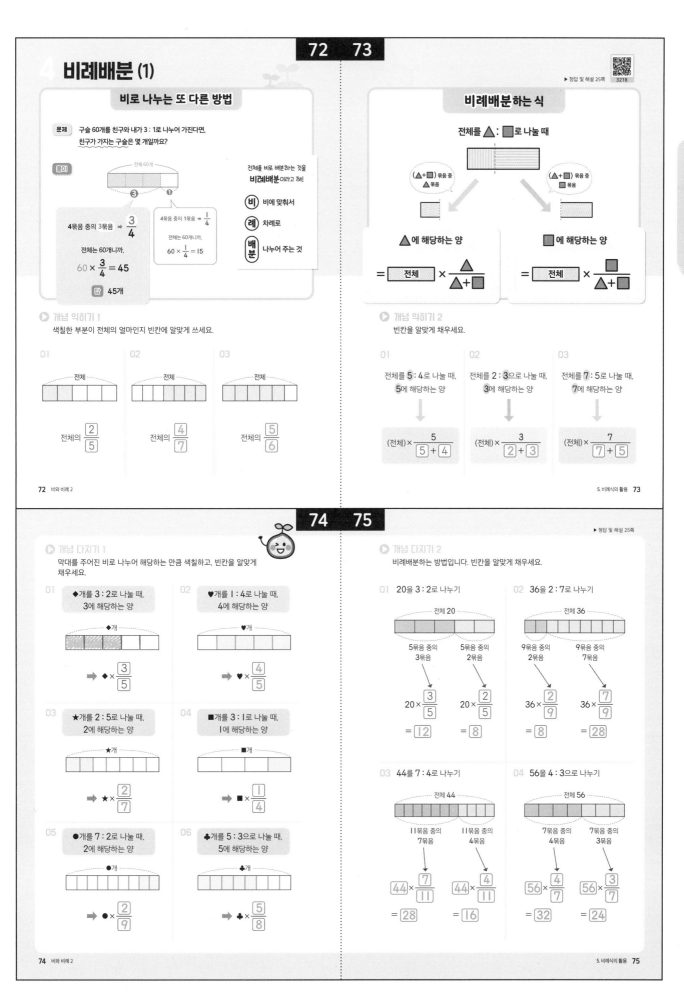

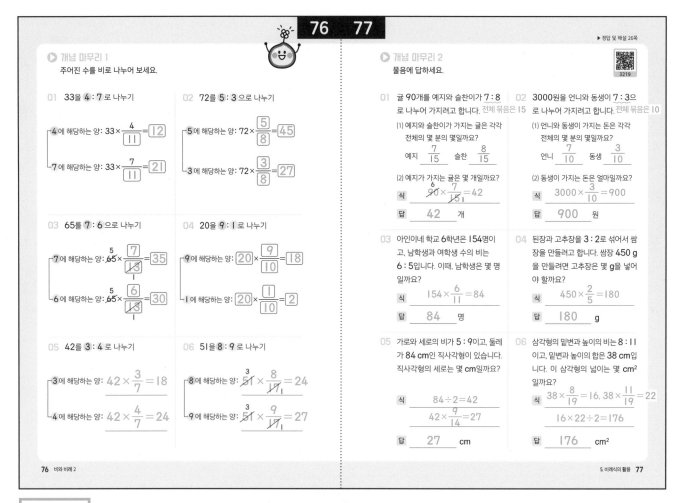

77쪽

03 6학년은 154명, 남학생과 여학생 수의 비는 6 : 5일 때, 6학년 남학생은 몇 명?
전체 묶음은 11

➡ 6학년 남학생은 전체의 $\dfrac{6}{11}$

(식) $\overset{14}{\cancel{154}} \times \dfrac{6}{\cancel{11}} = 84$
$\quad\;\, 1$

답 84명

04 된장과 고추장을 3 : 2로 섞어서 쌈장을 만들 때, 전체 묶음은 5
쌈장 450 g을 만들려면 고추장은 몇 g?

➡ 고추장은 전체의 $\dfrac{2}{5}$

(식) $\overset{90}{\cancel{450}} \times \dfrac{2}{\cancel{5}} = 180$
$\qquad\; 1$

답 180 g

05 가로와 세로의 비가 5 : 9이고, 둘레가 84 cm일 때, 전체 묶음은 14
세로는 몇 cm?

➡ (가로와 세로의 합)=(직사각형의 둘레)÷2
$=84÷2=42(cm)$

직사각형의 세로는 42 cm의 $\dfrac{9}{14}$

$\overset{3}{\cancel{42}} \times \dfrac{9}{\cancel{14}} = 27$
$\quad 1$

답 27 cm

06 밑변과 높이의 비가 8 : 11이고, 합이 38 cm일 때, 전체 묶음은 19
삼각형의 넓이는 몇 cm²?

➡ 삼각형의 밑변은 전체의 $\dfrac{8}{19}$

$\overset{2}{\cancel{38}} \times \dfrac{8}{\cancel{19}} = 16$
$\quad 1$

삼각형의 높이는 전체의 $\dfrac{11}{19}$

$\overset{2}{\cancel{38}} \times \dfrac{11}{\cancel{19}} = 22$
$\quad 1$

삼각형의 넓이는 (밑변)×(높이)÷2
$16×22÷2=176$

답 176 cm²

5 비례배분 (2)

▶ 정답 및 해설 27쪽

황금비

두 수의 비가
약 1:1.6으로 가장 균형 있게
보이는 비율을 황금비라고 해.
신분증이나 카드 모양도
황금비를 이용할 때가 많아.
그래서 황금비로 만든 직사각형을
황금사각형이라고 불러~

문제 키가 130 cm인 새싹이는
머리 길이와 다리 길이의 비가 1 : 1.6 입니다.
새싹이의 다리 길이는 몇 cm일까요?

다리의 길이는 1:1.6에서
1.6에 해당하는 길이!

➡ $130 \times \dfrac{1.6}{1+1.6}$

이걸 어떻게 쉽게 계산하지?

복잡한 비로 비례배분을 해야 한다면?

간단한 비로 바꿔서 계산!

분수의 비
$\frac{1}{5} \times 15 : \frac{1}{3} \times 15$
$= 3 : 5$

소수의 비
$0.2 \times 10 : 0.3 \times 10$
$= 2 : 3$

자연수의 비
$60 \div 6 : 54 \div 6$
$= 10 : 9$

풀이 머리 길이와 다리 길이의 비를
**가장 간단한
자연수의 비로 바꾸기!**

$1 : 1.6$
$= 10 : 16$
$= 5 : 8$

(다리 길이) $= 130 \times \dfrac{8}{5+8}$
$= 130 \times \dfrac{8}{13}$
$= 80$

➡ 80 cm

▶ 개념 익히기 1

색칠한 부분의 길이를 구하는 식입니다. 빈칸을 알맞게 채우세요.

01
45 cm
1 : 1.5
➡ $45 \times \dfrac{1}{\boxed{1}+\boxed{1.5}}$

02
36 cm
0.4 : 0.5
➡ $36 \times \dfrac{0.5}{\boxed{0.4}+\boxed{0.5}}$

03
24 cm
$2 : \frac{6}{5}$
➡ $24 \times \dfrac{\frac{2}{2}}{\boxed{2}+\boxed{\frac{6}{5}}}$

▶ 개념 익히기 2

비례배분을 하기 위해 주어진 비를 가장 간단한 자연수의 비로 바꾸어 보세요.

01
63을 $\frac{2}{3} : \frac{5}{6}$ 로 나누기 ➡ 4 : 5

$\times 6 \left(\dfrac{2}{3} : \dfrac{5}{6} \right) \times 6$
$4 : 5$

02
500을 3.3 : 4.2 로 나누기 ➡ 11 : 14

$\times 10 (3.3 : 4.2) \times 10$
$33 : 42$
$\div 3 \qquad \div 3$
$11 : 14$

03
120을 $2\frac{1}{2} : \frac{4}{5}$ 로 나누기 ➡ 25 : 8

$\times 10 \left(\dfrac{5}{2} : \dfrac{4}{5} \right) \times 10$
$25 : 8$

▶ 개념 다지기 1

주어진 비를 가장 간단한 자연수의 비로 바꾸어 비례배분을 하세요.

01
46을 $\frac{3}{8} : \frac{1}{5}$ 로 나누기 ➡
가장 간단한
자연수의 비
15 : 8 풀이 참조

$\frac{3}{8}$에 해당하는 양: $\overset{2}{46} \times \dfrac{15}{23} = 30$
$\frac{1}{5}$에 해당하는 양: $\overset{2}{46} \times \dfrac{8}{23} = 16$

02
98을 $\frac{1}{6} : \frac{2}{9}$ 로 나누기 ➡
가장 간단한
자연수의 비
3 : 4 풀이 참조

$\frac{1}{6}$에 해당하는 양: $\overset{14}{98} \times \dfrac{3}{7} = 42$
$\frac{2}{9}$에 해당하는 양: $\overset{14}{98} \times \dfrac{4}{7} = 56$

03
85를 1.1 : 0.6으로 나누기 ➡
가장 간단한
자연수의 비
11 : 6 풀이 참조

1.1에 해당하는 양: $\overset{5}{85} \times \dfrac{11}{17} = 55$
0.6에 해당하는 양: $\overset{5}{85} \times \dfrac{6}{17} = 30$

04
63을 $0.5 : \frac{1}{7}$ 로 나누기 ➡
가장 간단한
자연수의 비
7 : 2 풀이 참조

0.5에 해당하는 양: $63 \times \dfrac{7}{9} = 49$
$\frac{1}{7}$에 해당하는 양: $63 \times \dfrac{2}{9} = 14$

80쪽

01
$\dfrac{3}{8} : \dfrac{1}{5}$
$\times 40 \qquad \times 40$
$15 : 8$
전체 묶음은 23

02
$\dfrac{1}{6} : \dfrac{2}{9}$
$\times 18 \qquad \times 18$
$3 : 4$
전체 묶음은 7

03
$1.1 : 0.6$
$\times 10 \qquad \times 10$
$11 : 6$
전체 묶음은 17

04
$0.5 : \dfrac{1}{7}$
↓ 분수로 통일
$\dfrac{5}{10} : \dfrac{1}{7}$
$\times 70 \qquad \times 70$
$35 : 10$
$\div 5 \qquad \div 5$
$7 : 2$
전체 묶음은 9

정답 및 해설

81쪽

01 철사 74 cm를 2.2 : 1.5로 나누기

긴 것　짧은 것

$$2.2 : 1.5$$
$$\downarrow$$
$$22 : 15$$

2.2 : 1.5
×10　×10
22 : 15
전체 묶음은 37

➡ 길이가 긴 철사는 22에 해당하는 양

$$\overset{2}{\cancel{74}} \times \frac{22}{\underset{1}{\cancel{37}}} = 44$$

답 44 cm

---

02 현미와 콩을 5 : 4로 섞어서 117 g이 됨

전체 묶음은 9

➡ 사용한 현미는 5에 해당하는 양

$$\overset{13}{\cancel{117}} \times \frac{5}{\underset{1}{\cancel{9}}} = 65$$

답 65 g

개념 다지기 2
물음에 답하세요.

01 철사 74 cm를 나누어 잘랐습니다. 둘 중에 길이가 긴 철사는 몇 cm일까요?

답 44 cm

02 잡곡밥을 하기 위해 현미와 콩을 5 : 4로 섞었더니 117 g이 되었습니다. 이때, 사용한 현미는 몇 g일까요?

답 65 g

03 구슬 120개를 1반과 2반의 학생 수의 비 21 : 24로 나누어 가졌습니다. 2반이 가지는 구슬은 몇 개일까요?

답 64 개

04 소금과 물을 $\frac{2}{5} : \frac{1}{2}$의 비로 섞어서 450 g의 소금물을 만들었습니다. 소금물에 들어있는 소금의 양은 몇 g일까요?

답 200 g

05 설탕 121 g을 컵에 담긴 물의 양의 비에 따라 나누어 넣으려고 합니다. 물이 더 많은 컵에는 설탕을 몇 g 넣어야 할까요?

$\frac{2}{3}$ L　$\frac{1}{4}$ L

답 88 g

06 나무 240그루를 두 공원의 넓이의 비에 따라 나누어 심었습니다. 호수공원의 넓이는 600 m²이고, 하늘공원의 넓이는 840 m²일 때, 호수공원에 심은 나무는 몇 그루일까요?

답 100 그루

5. 비례식의 활용 81

---

03 구슬 120개를 21 : 24로 나누기

$$21 : 24$$
$$\downarrow$$
$$7 : 8$$

1반　2반
21 : 24
÷3　÷3
7 : 8
전체 묶음은 15

➡ 2반의 구슬은 8에 해당하는 양

$$\overset{8}{\cancel{120}} \times \frac{8}{\underset{1}{\cancel{15}}} = 64$$

답 64개

---

04 소금과 물을 $\frac{2}{5} : \frac{1}{2}$로 섞어서

$$\downarrow$$
$$4 : 5$$

소금물 450 g을 만듦

소금　물
$\frac{2}{5} : \frac{1}{2}$
×10　×10
4 : 5
전체 묶음은 9

➡ 소금의 양은 4에 해당하는 양

$$\overset{50}{\cancel{450}} \times \frac{4}{\underset{1}{\cancel{9}}} = 200$$

답 200 g

---

05 설탕 121 g을 물의 양의 비로 나누기

$$\frac{2}{3} : \frac{1}{4}$$
$$\downarrow$$
$$8 : 3$$

많음　적음
$\frac{2}{3} : \frac{1}{4}$
×12　×12
8 : 3
전체 묶음은 11

➡ 물이 더 많은 컵은 8에 해당하는 양

$$\overset{11}{\cancel{121}} \times \frac{8}{\underset{1}{\cancel{11}}} = 88$$

답 88 g

---

06 나무 240그루를 공원의 넓이의 비로 나누어 심음

$$600 : 840$$
$$\downarrow$$
$$5 : 7$$

호수공원　하늘공원
600 : 840
÷120　÷120
5 : 7
전체 묶음은 12

➡ 호수공원의 나무는 5에 해당하는 양

$$\overset{20}{\cancel{240}} \times \frac{5}{\underset{1}{\cancel{12}}} = 100$$

답 100그루

01

(1) (평행사변형의 넓이) = (밑변) × (높이)

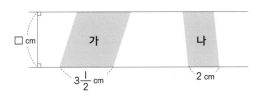

(가의 넓이)$=3\frac{1}{2}×□$ (나의 넓이)$=2×□$

(2) 평행사변형 **가**와 **나**의 넓이의 비

(3) **가**와 **나**의 넓이의 합이 11 cm²일 때, **나**의 넓이?

➡ **가**와 **나**의 넓이의 비가 7 : 4이므로

　나의 넓이는 전체(11 cm²)의 $\frac{4}{11}$

　(나의 넓이)$=11×\frac{4}{11}=4(cm^2)$

02

(1) 삼각형 **가**와 **나**의 높이를 □ cm라 하면
　(삼각형의 넓이)=(밑변)×(높이)÷2

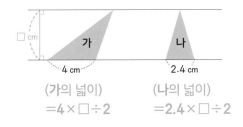

(가의 넓이)　　　(나의 넓이)
$=4×□÷2$　　　$=2.4×□÷2$

▶ 개념 마무리 1
물음에 답하세요.

01
평행사변형 **가**, **나**는 높이가 같습니다.

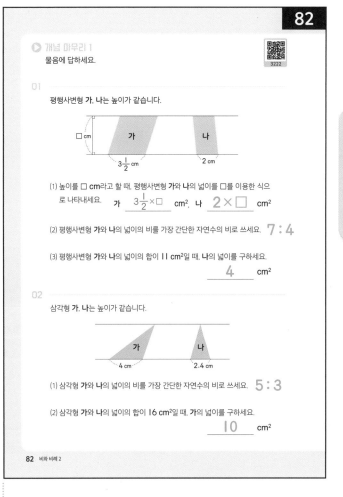

(1) 높이를 □ cm라고 할 때, 평행사변형 **가**와 **나**의 넓이를 □를 이용한 식으로 나타내세요. 가 $\boxed{3\frac{1}{2}×□}$ cm², 나 $\boxed{2×□}$ cm²

(2) 평행사변형 **가**와 **나**의 넓이의 비를 가장 간단한 자연수의 비로 쓰세요. 7 : 4

(3) 평행사변형 **가**와 **나**의 넓이의 합이 11 cm²일 때, **나**의 넓이를 구하세요. 4 cm²

02
삼각형 **가**, **나**는 높이가 같습니다.

(1) 삼각형 **가**와 **나**의 넓이의 비를 가장 간단한 자연수의 비로 쓰세요. 5 : 3

(2) 삼각형 **가**와 **나**의 넓이의 합이 16 cm²일 때, **가**의 넓이를 구하세요. 10 cm²

82 비와 비례 2

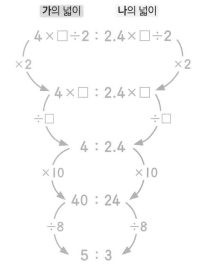

(2) **가**와 **나**의 넓이의 합이 16 cm²일 때, **가**의 넓이?

➡ **가**와 **나**의 넓이의 비가 5 : 3이므로

　가의 넓이는 전체(16 cm²)의 $\frac{5}{8}$

　(가의 넓이)$=16×\frac{5}{8}=10(cm^2)$

83쪽

01 어떤 수를 ①: 5로 나누었을 때, 작은 쪽이 20
→ □ 전체 묶음은 6

➡ 작은 쪽의 수는 어떤 수의 $\frac{1}{6}$

$$20 = □ \times \frac{1}{6}$$

(식) $□ \times \frac{1}{6} = 20$

$$□ = 20 \times 6 = 120$$

답 120

02 어떤 수를 8 : ①로 나누었을 때, 작은 쪽이 5
→ □ 전체 묶음은 9

➡ 작은 쪽의 수는 어떤 수의 $\frac{1}{9}$

$$5 = □ \times \frac{1}{9}$$

(식) $□ \times \frac{1}{9} = 5$

$$□ = 5 \times 9 = 45$$

답 45

03 어떤 수를 3 : ⑦로 나누었을 때, 큰 쪽이 14
→ □ 전체 묶음은 10

➡ 큰 쪽의 수는 어떤 수의 $\frac{7}{10}$

$$14 = □ \times \frac{7}{10}$$

(식) $□ \times \frac{7}{10} = 14$

$$□ \times 7 = 14 \times 10$$
$$□ \times 7 = 140$$
$$□ = 140 \div 7$$
$$□ = 20$$

답 20

🔵 개념 마무리 2

구하려는 것을 □라고 하여 비례배분하는 식을 쓰고, 답을 구하세요.

01

┌ 작은 쪽
어떤 수를 ①: 5로 나누었을 때, 작은 쪽이 20입니다. 어떤 수는 얼마일까요?
└ 전체 묶음은 6

식 $□ \times \frac{1}{6} = 20$ 답 120

02

어떤 수를 8 : 1로 나누었을 때, 작은 쪽이 5입니다. 어떤 수는 얼마일까요?

식 $□ \times \frac{1}{9} = 5$ 답 45

03

어떤 수를 3 : 7로 나누었을 때, 큰 쪽이 14입니다. 어떤 수는 얼마일까요?

식 $□ \times \frac{7}{10} = 14$ 답 20

04

연필 몇 자루를 5 : 3으로 나누어 필통에 넣으면 더 적은 쪽의 연필이 9자루입니다. 처음 연필 수는 몇 자루일까요?

식 $□ \times \frac{3}{8} = 9$ 답 24 자루

05

부모님이 주신 용돈을 형과 동생이 11 : 9로 나누어 가졌더니 형이 22000원을 갖게 되었습니다. 처음 용돈은 얼마일까요?

식 $□ \times \frac{11}{20} = 22000$ 답 40000 원

5. 비례식의 활용 **83**

---

04 연필을 5 : ③으로 나누었을 때, 적은 쪽이 9
→ □ 전체 묶음은 8

➡ 적은 쪽 연필은 처음 연필 수의 $\frac{3}{8}$

$$9 = □ \times \frac{3}{8}$$

(식) $□ \times \frac{3}{8} = 9$

$$□ \times 3 = 9 \times 8$$
$$□ \times 3 = 72$$
$$□ = 72 \div 3$$
$$□ = 24$$

답 24자루

※ 또 다른 풀이

그림으로 나타내어 비례식을 세워 풀 수 있습니다.

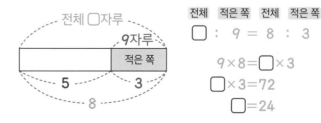

전체 □자루

9자루

적은 쪽

5   3

8

전체 적은 쪽 전체 적은 쪽
□ : 9 = 8 : 3

$9 \times 8 = □ \times 3$
$□ \times 3 = 72$
$□ = 24$

05 용돈을 형과 동생이 ⑪ : 9로 나누어 가질 때,
↳□   전체 묶음은 20
형이 22000원을 가짐

➡ 형이 가진 용돈은 처음 용돈의 $\frac{11}{20}$

$$22000 = □ \times \frac{11}{20}$$

(식) $□ \times \frac{11}{20} = 22000$

$□ \times 11 = 22000 \times 20$

$□ \times 11 = 440000$

$□ = 440000 \div 11$

$□ = 40000$

답 40000원

※ 또 다른 풀이

그림으로 나타내어 비례식을 세워 풀 수 있습니다.

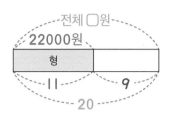

전체   형   전체   형

$○ : 22000 = 20 : 11$

$22000 \times 20 = ○ \times 11$

$○ \times 11 = 440000$

$○ = 40000$

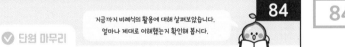

단원 마무리

지금까지 비례식의 활용에 대해 살펴보았습니다.
얼마나 제대로 이해했는지 확인해 봅시다.

84

1

축척 막대를 보고 바르게 설명한 것을 찾아 기호를 쓰시오. ⓛ

⊙ 지도에서 5 cm가 실제로 500 m입니다.
ⓛ 실제 거리 500 m를 지도에 1 cm로 나타냈습니다.
ⓒ 실제 거리 1 cm를 지도에 500 m로 나타냈습니다.

2

두 도형은 닮은 도형입니다.
닮음비를 가장 간단한 자연수의
비로 나타내시오.

5 : 12

3

실제 돌하르방과 모형 돌하르방은 서로 닮음
입니다. 모형의 높이를 구하시오.

9 cm

실제 / 높이 150 cm / 폭 50 cm
모형 / 높이 ? cm / 폭 3 cm

4

색칠한 부분을 보고 빈칸을 알맞게 채우시오.

전체 60개
36개

60개 중의 36개는

⑤ 묶음 중의 ③ 묶음

➡ 60 : 36 = ⑤ : ③

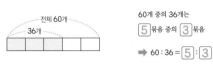

---

2 닮음비 : 닮은 도형에서 대응하는 변의 길이의 비

10 : 24
÷2   ÷2
5 : 12

---

3 모형의 높이를 □ cm라고 하면

실제   모형   실제   모형

(비례식) 50 : 3 = 150 : □

$3 \times 150 = 50 \times □$

$50 \times □ = 450$

$□ = 450 \div 50$

$□ = 9$

답 9 cm

5 배 **72**개를 하온이와 서진이의 가족 수의 비로 나눔
하온이네 가족은 **4**명, 서진이네 가족은 **5**명

➡ 가족 수의 비는 **4 : 5**
　　　전체 묶음은 **9**

하온이네 가족에게 주는 배는 전체의 $\dfrac{4}{9}$

➡ $72 \times \dfrac{4}{9} = 32$(개)

서진이네 가족에게 주는 배는 전체의 $\dfrac{5}{9}$

➡ $72 \times \dfrac{5}{9} = 40$(개)

85

맞은 개수 8개 ◯ 매우 잘했어요.
맞은 개수 6~7개 ◯ 실수한 문제를 확인하세요.
맞은 개수 5개 ◯ 틀린 문제를 2번씩 풀어 보세요.
스스로 평가　맞은 개수 1~4개 ◯ 앞부분의 내용을 다시 한번 확인하세요.

▶ 정답 및 해설 31~32쪽

5 배 72개를 하온이와 서진이의 가족 수에 따라 나누어 주려고 합니다. 배를 몇 개씩 나누어 줄 수 있는지 빈칸을 알맞게 채우시오.

하온이네 가족 4명　　　　서진이네 가족 5명
➡ **32** 개　　　　　➡ **40** 개

6 종이 252장을 3 : 4로 나눌 때, 3에 해당하는 양을 구하려고 합니다. 계산 과정에서 잘못된 부분을 찾아 바르게 고치시오.

$252 \times \dfrac{3}{4} = 189$ ➡ $\overset{36}{\cancel{252}} \times \dfrac{3}{\underset{1}{\cancel{7}}} = 108$

7 책 65권을 책장 1층과 2층에 $\dfrac{1}{3}$: 0.75로 나누어 꽂으려고 합니다. 책장 2층에는 몇 권을 꽂아야 하는지 구하시오.

45권

8 넓이가 39 cm²인 직사각형 종이를 잘라서 그림과 같이 두 개의 직사각형으로 나누었습니다. 직사각형 가의 넓이는 몇 cm²인지 구하시오.

16 cm²

가　나
3.2 cm　4.6 cm

5. 비례식의 활용　85

※86쪽 〈서술형으로 확인〉의 답은 정답 및 해설 48쪽에서 확인하세요.

---

7 책 **65**권을 책장 **1**층과 **2**층에 $\dfrac{1}{3}$: **0.75**로 나눌 때,
책장 **2**층에는 몇 권을 꽂을까?

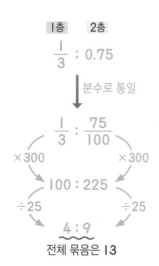

1층　　2층
$\dfrac{1}{3}$: 0.75

⬇ 분수로 통일

$\dfrac{1}{3}$: $\dfrac{75}{100}$

×300　　　×300

100 : 225

÷25　　　÷25

4 : 9
전체 묶음은 **13**

➡ 책장 **2**층에 꽂는 책은 전체의 $\dfrac{9}{13}$

$\overset{5}{\cancel{65}} \times \dfrac{9}{\underset{1}{\cancel{13}}} = 45$

답 45권

8 넓이가 **39** cm²인
직사각형 종이를 잘라
그림과 같이 나누면
가의 넓이는 몇 cm²?

□ cm　가　나　□ cm
3.2 cm　4.6 cm

➡ 두 직사각형의 세로가 같으므로
직사각형의 세로를 □ cm라 하면

가의 넓이　　　나의 넓이
3.2 × □ : 4.6 × □

÷□　　　　÷□

3.2 : 4.6

×10　　　×10

32 : 46

÷2　　　÷2

16 : 23
전체 묶음은 **39**

➡ 직사각형 **가**의 넓이는 전체(**39** cm²)의 $\dfrac{16}{39}$

$\cancel{39} \times \dfrac{16}{\underset{1}{\cancel{39}}} = 16$

답 16 cm²

1 두 수 사이의 관계

▶ 정답 및 해설 33쪽

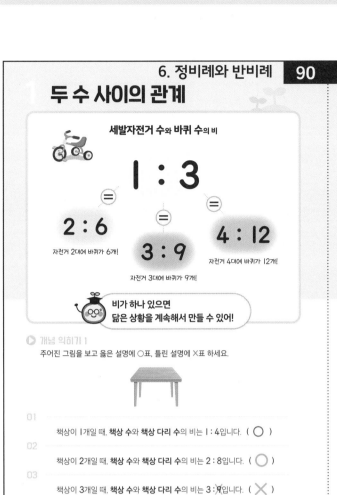

세발자전거 수와 바퀴 수의 비

$$1 : 3$$
$$=$$
$$2 : 6$$
자전거 2대에 바퀴가 6개!
$$3 : 9$$
자전거 3대에 바퀴가 9개!
$$4 : 12$$
자전거 4대에 바퀴가 12개!

비가 하나 있으면
닮은 상황을 계속해서 만들 수 있어!

▶ 개념 익히기 1

주어진 그림을 보고 옳은 설명에 ○표, 틀린 설명에 ✕표 하세요.

01 책상이 1개일 때, **책상 수**와 **책상 다리 수**의 비는 1 : 4입니다. (○)

02 책상이 2개일 때, **책상 수**와 **책상 다리 수**의 비는 2 : 8입니다. (○)

03 책상이 3개일 때, **책상 수**와 **책상 다리 수**의 비는 3 : 9입니다. (✕)
12

90　비와 비례 2

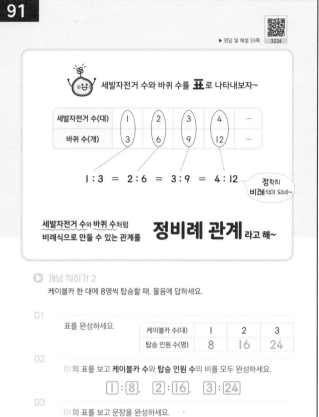

세발자전거 수와 바퀴 수를 **표**로 나타내보자~

세발자전거 수(대)	1	2	3	4	…
바퀴 수(개)	3	6	9	12	…

$$1 : 3 = 2 : 6 = 3 : 9 = 4 : 12$$

정확히
비례식이 되네~

세발자전거 수와 바퀴 수처럼
비례식으로 만들 수 있는 관계를 **정비례 관계**라고 해~

▶ 개념 익히기 2

케이블카 한 대에 8명씩 탑승할 때, 물음에 답하세요.

01 표를 완성하세요.

케이블카 수(대)	1	2	3
탑승 인원 수(명)	8	16	24

02 01의 표를 보고 케이블카 수와 탑승 인원 수의 비를 모두 완성하세요.

1 : 8 ⃞ 2 : 16 ⃞ 3 : 24 ⃞

03 01의 표를 보고 문장을 완성하세요.

케이블카 수와 탑승 인원 수 의 관계는 정비례 관계입니다.

6. 정비례와 반비례　91

2 정비례의 뜻

▶ 정답 및 해설 33쪽

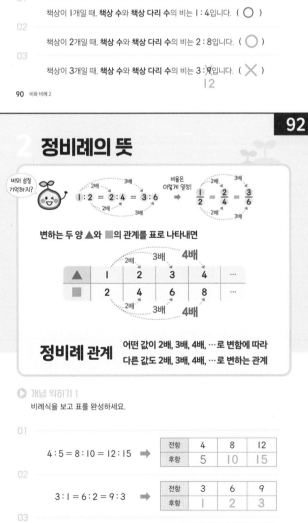

비의 성질 기억하지?

$$1 : 2 = 2 : 4 = 3 : 6 \implies \frac{1}{2} = \frac{2}{4} = \frac{3}{6}$$

비율은 이렇게 일정!

변하는 두 양 ▲와 ■의 관계를 표로 나타내면

▲	1	2	3	4	…
■	2	4	6	8	…

정비례 관계 어떤 값이 2배, 3배, 4배, …로 변함에 따라 다른 값도 2배, 3배, 4배, …로 변하는 관계

▶ 개념 익히기 1

비례식을 보고 표를 완성하세요.

01 $4 : 5 = 8 : 10 = 12 : 15$ ⟹

전항	4	8	12
후항	5	10	15

02 $3 : 1 = 6 : 2 = 9 : 3$ ⟹

전항	3	6	9
후항	1	2	3

03 $2 : 7 = 4 : 14 = 6 : 21$ ⟹

전항	2	4	6
후항	7	14	21

92　비와 비례 2

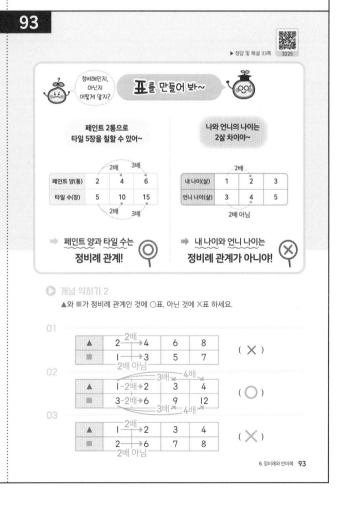

정비례인지, 아닌지 어떻게 알지?

표를 만들어 봐~

페인트 2통으로 타일 5장을 칠할 수 있어~

페인트 양(통)	2	4	6
타일 수(장)	5	10	15

➡ 페인트 양과 타일 수는 정비례 관계!

나와 언니의 나이는 2살 차이야~

내 나이(살)	1	2	3
언니 나이(살)	3	4	5

➡ 내 나이와 언니 나이는 정비례 관계가 아니야!

▶ 개념 익히기 2

▲와 ■가 정비례 관계인 것에 ○표, 아닌 것에 ✕표 하세요.

01

▲	2	4	6	8
■	1	3	5	7

(✕)

02

▲	1	2	3	4
■	3	6	9	12

(○)

03

▲	1	2	3	4
■	2	6	7	8

(✕)

6. 정비례와 반비례　93

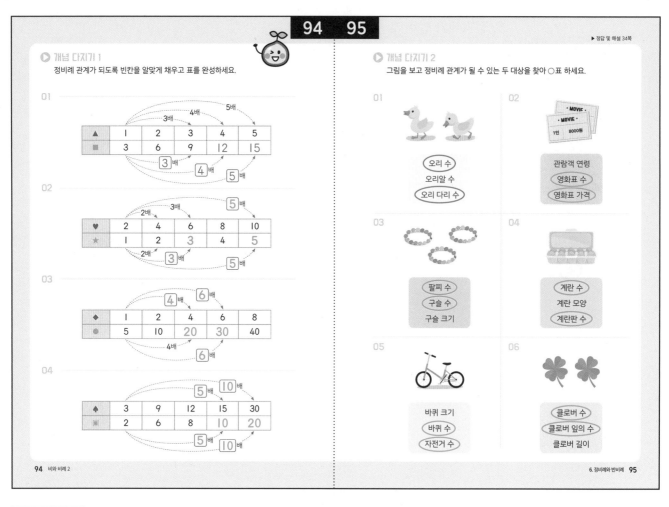

95쪽

※ 표를 만들어 정비례 관계를 확인할 수 있습니다.

01

오리 수 (마리)	1	2	3	⋯
오리 다리 수 (개)	2	4	6	⋯

02

영화표 수 (장)	1	2	3	⋯
영화표 가격 (원)	8000	16000	24000	⋯

03

팔찌 수(개)	1	2	3	⋯
구슬 수(개)	13	26	39	⋯

04

계란판 수 (개)	1	2	3	⋯
계란 수 (개)	10	20	30	⋯

05

자전거 수 (대)	1	2	3	⋯
바퀴 수 (개)	2	4	6	⋯

06

클로버 수 (개)	1	2	3	⋯
클로버 잎의 수(장)	4	8	12	⋯

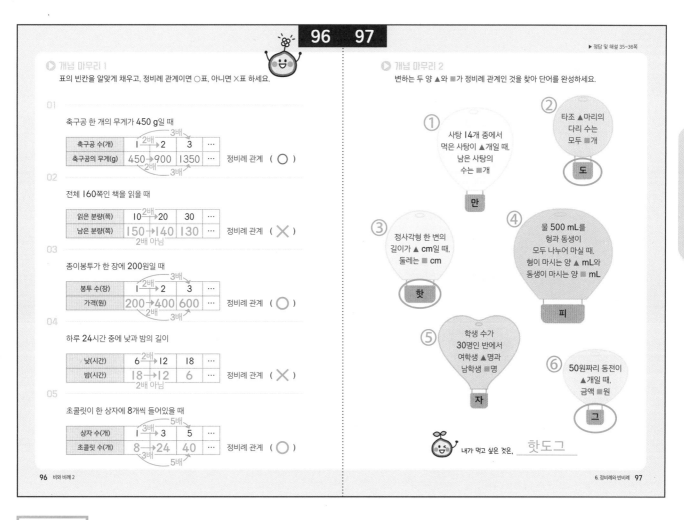

[96쪽] 개념 마무리 1
표의 빈칸을 알맞게 채우고, 정비례 관계이면 ○표, 아니면 ✕표 하세요.

01 축구공 한 개의 무게가 450 g일 때 — 정비례 관계 (○)
02 전체 160쪽인 책을 읽을 때 — 정비례 관계 (✕)
03 종이봉투가 한 장에 200원일 때 — 정비례 관계 (○)
04 하루 24시간 중에 낮과 밤의 길이 — 정비례 관계 (✕)
05 초콜릿이 한 상자에 8개씩 들어있을 때 — 정비례 관계 (○)

[97쪽] 개념 마무리 2
변하는 두 양 ▲와 ■가 정비례 관계인 것을 찾아 단어를 완성하세요.

내가 먹고 싶은 것은, __핫도그__

97쪽

① 사탕 14개 중에서 먹은 사탕이 ▲개일 때, 남은 사탕이 ■개

▲	1	2	3	⋯
■	13	12	11	⋯

2배 / 2배 아님

➡ 정비례 관계 아님

② 타조 ▲마리의 다리 수는 모두 ■개

▲	1	2	3	⋯
■	2	4	6	⋯

2배 3배 / 2배 3배

➡ 정비례 관계

③ 정사각형 한 변의 길이가 ▲ cm일 때, 둘레는 ■ cm

▲	1	2	3	⋯
■	4	8	12	⋯

2배 3배 / 2배 3배

➡ 정비례 관계

④ 물 500 mL를 형과 동생이 나누어 마실 때, 형이 마신 양 ▲ mL와 동생이 마신 양 ■ mL

▲	100	200	300	⋯
■	400	300	200	⋯

2배 / 2배 아님

➡ 정비례 관계 아님

97쪽

⑤ 학생 수가 30명인 반에서 여학생 ▲명과 남학생 ■명

➡ 정비례 관계 아님

⑥ 50원짜리 동전이 ▲개일 때, 금액 ■원

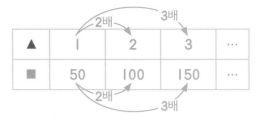

➡ 정비례 관계

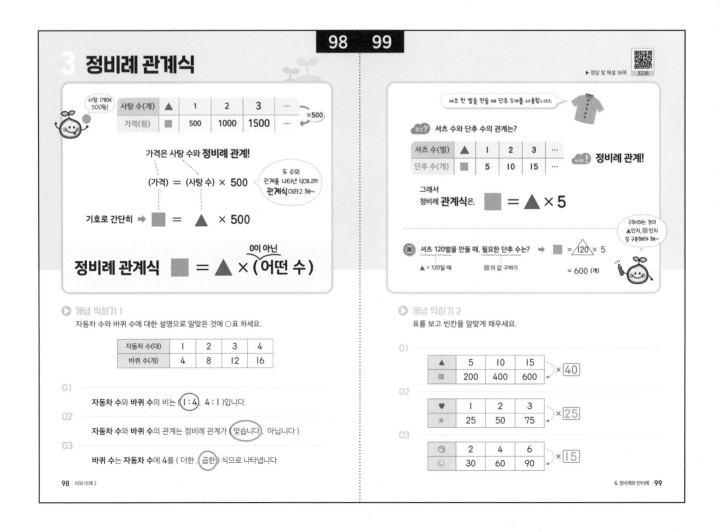

개념 다지기 1

표를 보고 정비례 관계식을 완성하세요.

01

▲	1	3	5
■	5	15	25

➡ ■ = ▲ × 5

02

■	1	2	3
♣	9	18	27

➡ ♣ = ■ × 9

03

♥	3	6	9
★	21	42	63

➡ ★ = ♥ × 7

04

◆	4	8	12
●	16	32	48

➡ ● = ◆ × 4

05

◎	2	4	8
♠	12	24	48

➡ ♠ = ◎ × 6

06

㉠	5	10	15
㉡	10	20	30

➡ ㉡ = ㉠ × 2

개념 다지기 2

표를 완성하고, 관계식을 쓰세요.

01 6명이 탈 수 있는 자동차가 있습니다. 이 자동차 ▲대에 탈 수 있는 사람 수는 ■명입니다.

▲	1	2	3
■	6	12	18

➡ ■ = ▲ × 6

02 바나나 1개의 열량이 90 kcal 일 때, 바나나 ◆개의 열량은 ◎kcal입니다.

◆	1	2	3
◎	90	180	270

➡ ◎ = ◆ × 90

03 도넛이 한 상자에 12개씩 있습니다. 상자의 수가 ■개일 때, 도넛은 모두 ♣개입니다.

■	1	2	3
♣	12	24	36

➡ ♣ = ■ × 12

04 음식물 쓰레기봉투의 가격이 한 장에 30원입니다. 봉투 ㉠장의 가격은 ㉡원입니다.

㉠	1	2	3
㉡	30	60	90

➡ ㉡ = ㉠ × 30

05 수도에서 물이 1분에 5 L씩 나올 때, ♥분 동안 나온 물의 양은 ★ L입니다.

♥	1	2	3
★	5	10	15

➡ ★ = ♥ × 5

06 무게가 7 kg인 볼링공 ◎개의 무게는 ♠ kg입니다.

◎	1	2	3
♠	7	14	21

➡ ♠ = ◎ × 7

개념 마무리 1

물음에 답하세요.

01 휘발유 1 L로 15 km를 갈 수 있는 자동차가 있습니다.

(1) 휘발유 ▲ L로 갈 수 있는 거리를 ■ km라고 할 때, 관계식을 쓰세요.

관계식 ■ = ▲ × 15

(2) 휘발유 8 L로 갈 수 있는 거리는 몇 km일까요?

답 120 km

02 한 테이블에 의자가 4개씩 놓여있습니다.

(1) 테이블 ♥개에 놓여있는 의자 수를 ★개라고 할 때, 관계식을 쓰세요.

관계식 ★ = ♥ × 4

(2) 테이블 13개에 놓인 의자 수는 몇 개일까요?

답 52 개

03 구슬 1개의 무게가 10 g입니다.

(1) 구슬 ◆개의 무게를 ● g이라고 할 때, 관계식을 쓰세요.

관계식 ● = ◆ × 10

(2) 무게가 350 g이 되게 하려면 필요한 구슬은 몇 개일까요?

답 35 개

04 한 봉지에 사과를 5개씩 담았습니다.

(1) ■개의 봉지에 담겨 있는 사과의 수를 ♣개라고 할 때, 관계식을 쓰세요.

관계식 ♣ = ■ × 5

(2) 사과 45개는 몇 개의 봉지에 담겨 있는 것일까요?

답 9 개

102쪽

01 휘발유 1 L로 15 km를 가는 자동차가 휘발유 ▲ L로 ■ km를 갈 수 있음

▲	1	2	3	⋯
■	15	30	45	⋯

×15

(1) (관계식) ■ = ▲ × 15

(2) 휘발유 8 L로 갈 수 있는 거리?

▲ = 8일 때, ■의 값 구하기

➡ ■ = 8 × 15
■ = 120

답 120 km

102쪽

02 한 테이블에 의자가 4개씩 놓여있음
테이블 ♥개에 의자 ★개가 놓여있음

♥	1	2	3	⋯
★	4	8	12	⋯

×4

(1) (관계식) ★＝♥×4

(2) 테이블 13개에 놓인 의자 수?
　♥＝13일 때, 　★의 값 구하기

➡ ★＝⟨13⟩×4
　★＝52

답 52개

03 구슬 1개의 무게가 10 g
구슬 ◆개의 무게가 ● g

◆	1	2	3	⋯
●	10	20	30	⋯

×10

(1) (관계식) ●＝◆×10

(2) 무게가 350 g일 때, 구슬 수?
　●＝350일 때, 　◆의 값 구하기

➡ ⟨350⟩＝◆×10
　◆＝35

답 35개

04 한 봉지에 사과를 5개씩 담음
■개의 봉지에 사과가 ♣개 담겨있음

■	1	2	3	⋯
♣	5	10	15	⋯

×5

(1) (관계식) ♣＝■×5

(2) 사과 45개를 담은 봉지 수?
　♣＝45일 때, ■의 값 구하기

➡ ⟨45⟩＝■×5
　■＝9

답 9개

개념 마무리 2

옳은 설명에 ○표, 틀린 설명에 ✕표 하세요.

01

$$\begin{array}{c}{}^{▲×4}\\[-2pt]\overbrace{}\\ ▲:■=1:4인 \ 두 \ 수 \ ▲와 \ ■의 \ 관계식은 \ ■=▲×4입니다. \ (\ ○\ )\\[-2pt]\underbrace{}\\ ■×1\end{array}$$

02

어떤 수가 2배, 3배, 4배, …로 변할 때, 다른 수도 2배, 3배, 4배, …로 변하면 두 수는 정비례 관계입니다. (○)

03

1살 차이인 형과 동생의 나이는 정비례 관계입니다. (✕)

04

■=▲×(0이 아닌 어떤 수)라면, ▲와 ■는 정비례 관계입니다. (○)

05

정비례 관계인 두 수의 비율은 계속 커집니다. (✕)

06

1시간은 60분이므로 시간을 ♥, 분을 ★로 나타낼 때, 관계식은 ★=♥×60입니다. (○)

---

03 1살 차이인 형과 동생의 나이

형 나이(살)	10 → 20	30	…
동생 나이(살)	9 → 19	29	…

10 →2배→ 20, 9 →2배 아님→ 19

➡ 정비례 관계 아님

---

05 예

▲	1	2	3	…
■	2	4	6	…

×2

➡ $\dfrac{▲}{■}=\dfrac{1}{2}=\dfrac{2}{4}=\dfrac{3}{6}$

※ 정비례 관계인 두 수의 비율은 일정합니다.

06

시간	♥	1	2	3	…
분	★	60	120	180	…

×60

➡ (관계식) ★=♥×60

---

4 반비례의 뜻

60 cm짜리 추로스를 사람 수에 따라 똑같이 나눌 때, 한 사람이 갖는 추로스의 길이를 알아보자.

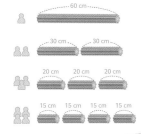

사람 수	한 사람이 갖는 추로스 길이
1명	60 cm
2명	30 cm
3명	20 cm
4명	15 cm
⋮	⋮

사람 수와 추로스 길이는 정비례가 아니네...

개념 익히기 1

길이가 20 cm인 롤케이크를 사람 수만큼 똑같이 나눌 때, 한 사람이 갖는 롤케이크의 길이를 구하세요.

20 cm

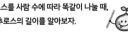

01
사람이 2명일 때
20÷2=10
➡ 10 cm

02
사람이 4명일 때
20÷4=5
➡ 5 cm

03
사람이 10명일 때
20÷10=2
➡ 2 cm

▶ 정답 및 해설 39쪽

반비례 관계

'반대'라는 뜻

어떤 값이 2배, 3배, 4배, …로 변함에 따라 다른 값이 $\frac{1}{2}$배, $\frac{1}{3}$배, $\frac{1}{4}$배, …로 변하는 관계

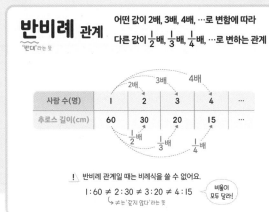

사람 수(명)	1	2	3	4	…
추로스 길이(cm)	60	30	20	15	…

! 반비례 관계일 때는 비례식을 쓸 수 없어요.

1:60 ≠ 2:30 ≠ 3:20 ≠ 4:15

≠는 '같지 않다'라는 뜻

비율이 모두 달라!

개념 익히기 2

▲와 ■가 반비례 관계일 때, 알맞은 말에 ○표 하여 문장을 완성하세요.

01

▲가 5배로 변할 때, ■는 (5배 , ⟨$\frac{1}{5}$배⟩)로 변합니다.

02

▲와 ■의 비율은 (일정합니다 . ⟨변합니다⟩).

03

▲와 ■의 비를 이용하여 비례식을 쓸 수 (있습니다 . ⟨없습니다⟩).

106　107

▶ 정답 및 해설 40~41쪽

개념 다지기 1

▲와 ■가 반비례 관계일 때, 빈칸을 알맞게 채우고 표를 완성하세요.

개념 다지기 2

표를 완성하고, 반비례 관계이면 ○표, 아니면 ✕표 하세요.

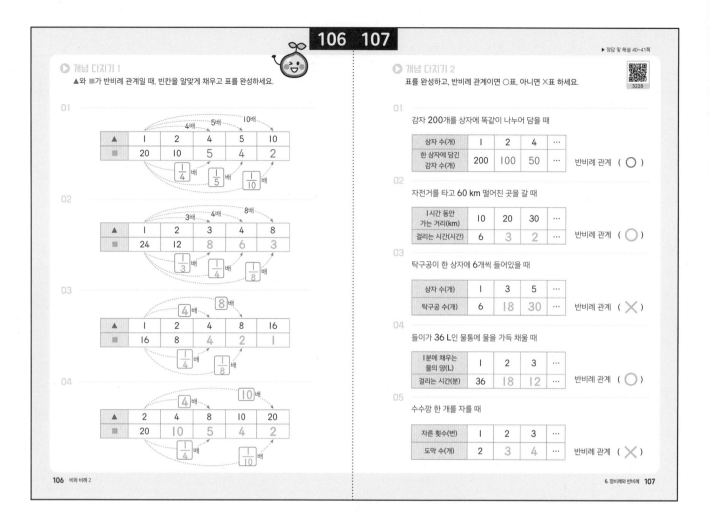

01 감자 200개를 상자에 똑같이 나누어 담을 때

상자 수(개)	1	2	4	…
한 상자에 담긴 감자 수(개)	200	100	50	…

반비례 관계 (○)

02 자전거를 타고 60 km 떨어진 곳을 갈 때

1시간 동안 가는 거리(km)	10	20	30	…
걸리는 시간(시간)	6	3	2	…

반비례 관계 (○)

03 탁구공이 한 상자에 6개씩 들어있을 때

상자 수(개)	1	3	5	…
탁구공 수(개)	6	18	30	…

반비례 관계 (✕)

04 들이가 36 L인 물통에 물을 가득 채울 때

1분에 채우는 물의 양(L)	1	2	3	…
걸리는 시간(분)	36	18	12	…

반비례 관계 (○)

05 수수깡 한 개를 자를 때

자른 횟수(번)	1	2	3	…
도막 수(개)	2	3	4	…

반비례 관계 (✕)

107쪽

01 감자 200개를 상자에 똑같이 나누어 담을 때,

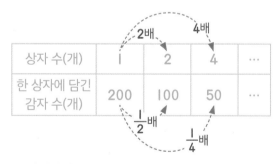

➡ 반비례 관계

02 자전거를 타고 60 km 떨어진 곳을 갈 때,

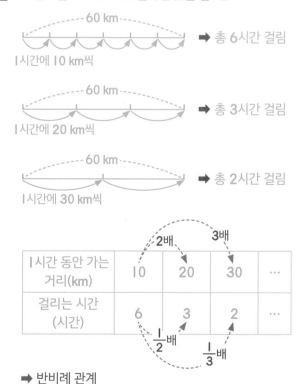

➡ 반비례 관계

03 탁구공이 한 상자에 6개씩 들어있을 때

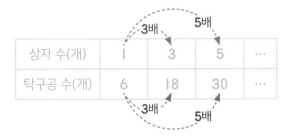

상자 수(개)	1	3	5	⋯
탁구공 수(개)	6	18	30	⋯

➡ 반비례 관계 아님(정비례 관계)

04 들이가 36 L인 물통에 물을 가득 채울 때

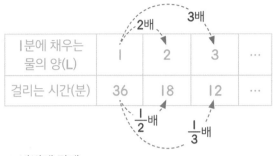

1분에 채우는 물의 양(L)	1	2	3	⋯
걸리는 시간(분)	36	18	12	⋯

➡ 반비례 관계

05 수수깡 한 개를 자를 때

1번 자르면 도막 2개

2번 자르면 도막 3개

3번 자르면 도막 4개

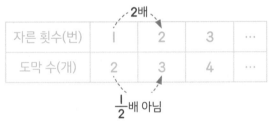

자른 횟수(번)	1	2	3	⋯
도막 수(개)	2	3	4	⋯

$\frac{1}{2}$배 아님

➡ 반비례 관계 아님

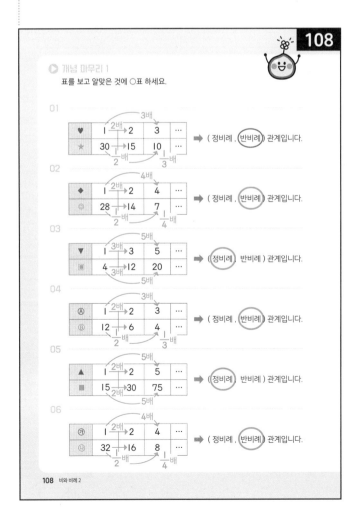

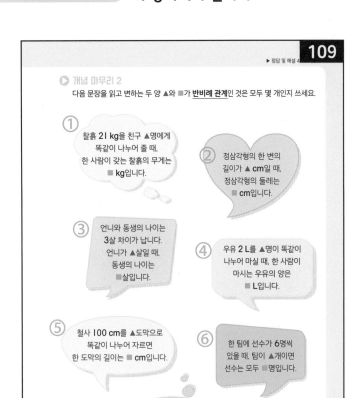

▶ 개념 마무리 2

다음 문장을 읽고 변하는 두 양 ▲와 ■가 **반비례 관계**인 것은 모두 몇 개인지 쓰세요.

① 찰흙 21 kg을 친구 ▲명에게 똑같이 나누어 줄 때, 한 사람이 갖는 찰흙의 무게는 ■ kg입니다.

② 정삼각형의 한 변의 길이가 ▲ cm일 때, 정삼각형의 둘레는 ■ cm입니다.

③ 언니와 동생의 나이는 3살 차이가 납니다. 언니가 ▲살일 때, 동생의 나이는 ■살입니다.

④ 우유 2 L를 ▲명이 똑같이 나누어 마실 때, 한 사람이 마시는 우유의 양은 ■ L입니다.

⑤ 철사 100 cm를 ▲도막으로 똑같이 나누어 자르면 한 도막의 길이는 ■ cm입니다.

⑥ 한 팀에 선수가 6명씩 있을 때, 팀이 ▲개이면 선수는 모두 ■명입니다.

⑦ 하루 24시간 중에 낮이 ▲시간일 때, 밤은 ■시간입니다.

➡ 3 개

109쪽

① 찰흙 21 kg을 ▲명에게 똑같이 나누어 줄 때, 한 사람이 갖는 찰흙은 ■ kg

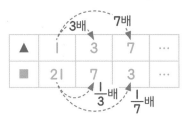

▲	1	3	7	...
■	21	7	3	...

➡ 반비례 관계

② 정삼각형의 한 변의 길이가 ▲ cm일 때, 둘레는 ■ cm

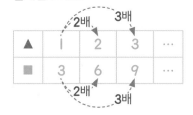

▲	1	2	3	...
■	3	6	9	...

➡ 반비례 관계 아님
(정비례 관계)

③ 언니와 동생의 나이는 3살 차이이고, 언니가 ▲살일 때, 동생은 ■살

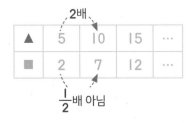

▲	5	10	15	...
■	2	7	12	...

$\frac{1}{2}$배 아님

➡ 반비례 관계 아님

④ 우유 2 L를 ▲명이 똑같이 나누어 마실 때, 한 사람이 마시는 우유는 ■ L

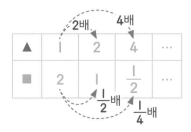

▲	1	2	4	...
■	2	1	$\frac{1}{2}$	...

➡ 반비례 관계

⑤ 철사 100 cm를 ▲도막으로 똑같이 자르면 한 도막의 길이는 ■ cm

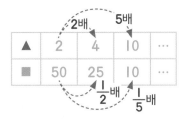

▲	2	4	10	...
■	50	25	10	...

➡ 반비례 관계

⑥ 한 팀에 선수가 6명씩 있을 때, 팀이 ▲개이면 선수는 ■명

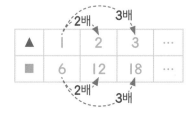

▲	1	2	3	...
■	6	12	18	...

➡ 반비례 관계 아님
(정비례 관계)

⑦ 하루 24시간 중 낮이 ▲시간, 밤은 ■시간

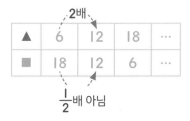

▲	6	12	18	...
■	18	12	6	...

$\frac{1}{2}$배 아님

➡ 반비례 관계 아님

5 반비례 관계식

▶ 정답 및 해설 43쪽

 귤 30개를 친구에게 똑같이 나누어 주자~

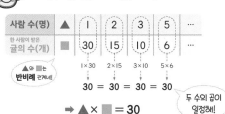

사람 수(명) ▲	1	2	3	5	…
한 사람이 받은 귤의 수(개) ■	30	15	10	6	…

▲와 ■는 **반비례 관계**네!

1×30　2×15　3×10　5×6

$30 = 30 = 30 = 30$

두 수의 곱이 일정해!

➡ ▲ × ■ = 30

반비례 관계식 　▲ × ■ = (어떤 수)

0이 아닌

개념 익히기 1

반비례 관계를 나타낸 표를 보고 물음에 답하세요.

▲	1	2	4	8
■	8	4	2	1

01　▲가 2일 때, ▲ × ■의 값을 구하세요.　8

02　▲가 4일 때, ▲ × ■의 값을 구하세요.　8

03　▲가 8일 때, ▲ × ■의 값을 구하세요.　8

문제 들이가 200 L인 물탱크에 일정하게 물을 채우려고 합니다.
1분 동안 넣는 **물의 양**을 ▲ L,
물이 가득 찰 때까지 걸리는 **시간**을 ■분이라고 할 때,
▲와 ■의 관계식을 구하세요.

풀이 ▲ : 1분 동안 넣는 물의 양 (L)
■ : 걸리는 시간 (분)

▲(L)	1	2	5	…
■(분)	200	100	40	…

➡ ▲와 ■는 반비례 관계!

관계식 ▲ × ■ = 200

예 10분 만에 물을 가득 채우려면
1분에 몇 L씩 물을 넣어야 할까요?

■ = 10일 때, ▲의 값 구하기

▲ × 10 = 200

▲ = 200 ÷ 10
　= 20

➡ 20 L

개념 익히기 2

반비례 관계를 나타낸 표를 보고 물음에 답하세요.

▲	1	2	3	4	6
■	12	6	4	3	

01　▲와 ■의 곱을 구하세요.　12

02　▲와 ■의 관계식을 완성하세요.　▲ × ■ = 12

03　▲ = 6일 때, ■의 값을 구하세요.　2　　6 × ■ = 12
　　　　■ = 2

▶ 정답 및 해설 43쪽

개념 다지기 1

▲와 ■가 반비례 관계일 때, 표와 빈칸을 알맞게 채우세요.

01
▲	2	4	6
■	12	6	4

▲ × ■ = 24

02
▲	1	3	9
■	9	3	1

▲ × ■ = 9

03
▲	1	2	5
■	10	5	2

▲ × ■ = 10

04
▲	1	2	4
■	8	4	2

▲ × ■ = 8

05
▲	3	6	9
■	6	3	2

▲ × ■ = 18

06
▲	2	4	8
■	16	8	4

▲ × ■ = 32

개념 다지기 2

◆와 ●가 반비례 관계일 때, 물음에 답하세요.

01　◆가 5일 때, ●는 10입니다.

반비례 관계식은?
➡ ◆ × ● = 50

◆가 25일 때, ●의 값은?
➡ 25 × ● = 50
　　● = 2

02　◆가 3일 때, ●는 12입니다.

반비례 관계식은?
➡ ◆ × ● = 36

◆ = 2일 때, ●의 값은?
➡ 2 × ● = 36
　　● = 18

03　◆가 6일 때, ●는 7입니다.

반비례 관계식은?
➡ ◆ × ● = 42

◆ = 14일 때, ●의 값은?
➡ 14 × ● = 42
　　● = 3

04　◆가 4일 때, ●는 25입니다.

반비례 관계식은?
➡ ◆ × ● = 100

● = 5일 때, ●의 값은?
➡ ◆ × 5 = 100
　　◆ = 20

05　◆가 9일 때, ●는 10입니다.

반비례 관계식은?
➡ ◆ × ● = 90

● = 6일 때, ◆의 값은?
➡ ◆ × 6 = 90
　　◆ = 15

06　◆가 8일 때, ●는 11입니다.

반비례 관계식은?
➡ ◆ × ● = 88

◆ = 4일 때, ●의 값은?
➡ 4 × ● = 88
　　● = 22

114쪽

01 우유 500 mL를 ▲명이 나누어 마실 때,
한 사람이 마시는 우유의 양 ■ mL

▲	1	2	4
■	500	250	125

➡ (관계식) ▲ × ■ ＝ 500

02 곱해서 60이 되는 두 자연수 ▲와 ■

▲	1	2	3
■	60	30	20

➡ (관계식) ▲ × ■ ＝ 60

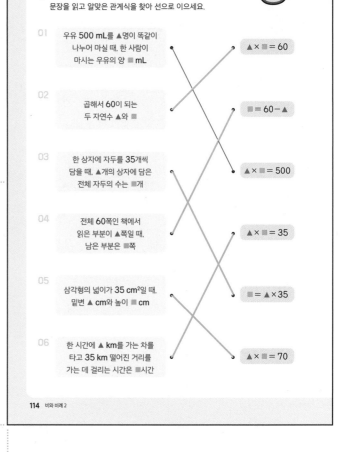

개념 마무리 1
문장을 읽고 알맞은 관계식을 찾아 선으로 이으세요.

01 우유 500 mL를 ▲명이 똑같이 나누어 마실 때, 한 사람이 마시는 우유의 양 ■ mL

02 곱해서 60이 되는 두 자연수 ▲와 ■

03 한 상자에 자두를 35개씩 담을 때, ▲개의 상자에 담은 전체 자두의 수는 ■개

04 전체 60쪽인 책에서 읽은 부분이 ▲쪽일 때, 남은 부분은 ■쪽

05 삼각형의 넓이가 35 cm²일 때, 밑변 ▲ cm와 높이 ■ cm

06 한 시간에 ▲ km를 가는 차를 타고 35 km 떨어진 거리를 가는 데 걸리는 시간은 ■시간

▲ × ■ ＝ 60
■ ＝ 60 － ▲
▲ × ■ ＝ 500
▲ × ■ ＝ 35
■ ＝ ▲ × 35
▲ × ■ ＝ 70

114　비와 비례 2

03 한 상자에 자두를 35개씩 담을 때,
▲개의 상자에 담은 자두의 수 ■개

▲	1	2	3
■	35	70	105

➡ (관계식) ■ ＝ ▲ × 35

04 전체 60쪽인 책에서 읽은 부분이 ▲쪽일 때,
남은 부분은 ■쪽

▲	10	20	30
■	50	40	30

➡ (관계식) ■ ＝ 60 － ▲

05 삼각형의 넓이가 35 cm²일 때,
밑변 ▲ cm와 높이 ■ cm

(밑변) × (높이) ÷ 2 ＝ (삼각형의 넓이)이므로
(밑변) × (높이) ＝ (삼각형의 넓이) × 2
 ▲　　　 ■　　　　　　35

➡ (관계식) ▲ × ■ ＝ 70

06 한 시간에 ▲ km를 가는 차를 타고
35 km를 가는 데 ■시간 걸림

▲	1	5	7
■	35	7	5

➡ (관계식) ▲ × ■ ＝ 35

01

주스 1.2 L를 ▲명이 ■ L씩 나누어 마심

▲	1	2	3
■	1.2	0.6	0.4

➡ (관계식) ▲ × ■ = 1.2

사람이 6명이면 한 사람이 마시는 주스의 양?
▲ = 6   ■의 값 구하기

➡ $\triangle{6}$ × ■ = 1.2
   　　■ = 1.2 ÷ 6
   　　■ = 0.2

답 0.2 L

02

매달 ▲원씩 ■개월 동안 저축하여 90000원 모으기

▲	10000	30000	90000
■	9	3	1

➡ (관계식) ▲ × ■ = 90000

6개월 동안 금액을 모으려면 매달 얼마씩 저축?
■ = 6   ▲의 값 구하기

➡ ▲ × ⑥ = 90000
   　　▲ = 90000 ÷ 6
   　　▲ = 15000

답 15000원

03

매일 ▲쪽씩 ■일 동안 280쪽을 읽음

▲	1	2	4
■	280	140	70

➡ (관계식) ▲ × ■ = 280

하루에 20쪽씩 읽으면 며칠이 걸릴까?
▲ = 20   ■의 값 구하기

➡ $\triangle{20}$ × ■ = 280
   　　■ = 280 ÷ 20
   　　■ = 14

답 14일

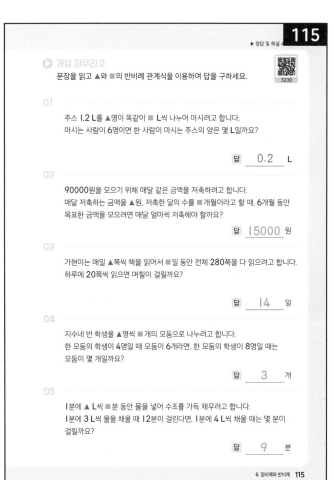

개념 마무리 2

문장을 읽고 ▲와 ■의 반비례 관계식을 이용하여 답을 구하세요.

01

주스 1.2 L를 ▲명이 똑같이 ■ L씩 나누어 마시려고 합니다.
마시는 사람이 6명이면 한 사람이 마시는 주스의 양은 몇 L일까요?

답 0.2 L

02

90000원을 모으기 위해 매달 같은 금액을 저축하려고 합니다.
매달 저축하는 금액을 ▲원, 저축한 달의 수를 ■개월이라고 할 때, 6개월 동안
목표한 금액을 모으려면 매달 얼마씩 저축해야 할까요?

답 15000 원

03

가현이는 매일 ▲쪽씩 책을 읽어서 ■일 동안 전체 280쪽을 다 읽으려고 합니다.
하루에 20쪽씩 읽으면 며칠이 걸릴까요?

답 14 일

04

지수네 반 학생을 ▲명씩 ■개의 모둠으로 나누려고 합니다.
한 모둠의 학생이 4명일 때 모둠이 6개라면, 한 모둠의 학생이 8명일 때는
모둠이 몇 개일까요?

답 3 개

05

1분에 ▲ L씩 ■분 동안 물을 넣어 수조를 가득 채우려고 합니다.
1분에 3 L 물을 채울 때 12분이 걸린다면, 1분에 4 L씩 채울 때는 몇 분이
걸릴까요?

답 9 분

04

학생들을 ▲명씩 ■개의 모둠으로 나눔
한 모둠에 4명일 때 모둠이 6개

➡ 전체 학생 수: $\triangle{4}$ × ⑥ = 24(명)
   (관계식) ▲ × ■ = 24

한 모둠에 8명씩일 때는 모둠이 몇 개?
▲ = 8   ■의 값 구하기

➡ $\triangle{8}$ × ■ = 24
   　　■ = 24 ÷ 8
   　　■ = 3

답 3개

115쪽

05 1분에 ▲ L씩 ■분 동안 물을 넣음
1분에 3 L씩 채울 때 12분 걸림

➡ 수조의 들이: $\boxed{3} \times \boxed{12} = 36$(L)

(관계식) ▲×■=36

1분에 4 L씩 채울 때 몇 분이 걸릴까?
　　　▲=4　　　■의 값 구하기

➡ $\boxed{4}$×■=36

　　　■=36÷4

　　　■=9

답 9분

116쪽

3 관계식의 모양을 보고 판단하면 됩니다.

· 정비례 관계식: ■=▲×(0이 아닌 수)
· 반비례 관계식: ▲×■=(0이 아닌 수)

㉠ ■=▲×9	㉡ ■=▲+3
→ 정비례 관계	→ 아무 관계도 아님
㉢ ▲×■=50	㉣ ■=21×▲
→ 반비례 관계	→ 정비례 관계

4 ▲의 값이 2배, 3배, 4배, …가 될 때,

■의 값은 $\frac{1}{2}$배, $\frac{1}{3}$배, $\frac{1}{4}$배, …가 됨

➡ ▲와 ■는 반비례 관계

▲	1	2	3	4
■	㉠	6	4	㉡

관계식: ▲×■=12

▲=1일 때 $\boxed{1}$×㉠=12 ➡ ㉠=12

▲=4일 때 $\boxed{4}$×㉡=12 ➡ ㉡=3

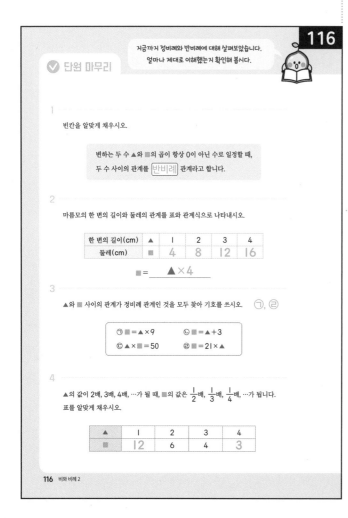

5~6

㉠ 가로 ▲ cm, 세로 ■ cm인 직사각형의 넓이가 40 cm²

(가로)×(세로)=(직사각형의 넓이)이므로

 ▲   ■   40

관계식: ▲×■=40 ➡ 반비례 관계

㉡ 전체 60초 중에서 지난 시간 ▲초, 남은 시간 ■초

▲	l	2	3
■	59	58	57

➡ 정비례 관계도 반비례 관계도 아님

㉢ 한 봉지에 1600원인 젤리 ▲봉지의 가격 ■원

▲	l	2	3
■	1600	3200	4800

관계식: ■=▲×1600 ➡ 정비례 관계

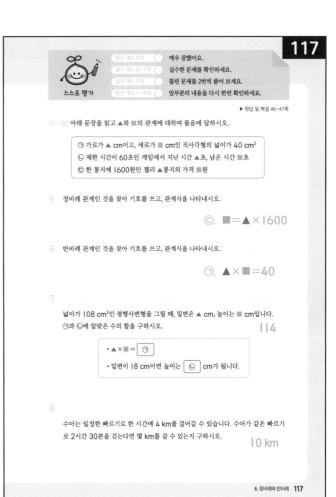

[5~6] 아래 문장을 읽고 ▲와 ■의 관계에 대하여 물음에 답하시오.

㉠ 가로가 ▲이고, 세로가 ■cm인 직사각형의 넓이가 40 cm²
㉡ 제한 시간이 60초인 게임에서 지난 시간 ▲초, 남은 시간 ■초
㉢ 한 봉지에 1600원인 젤리 ▲봉지의 가격 ■원

5 정비례 관계인 것을 찾아 기호를 쓰고, 관계식을 나타내시오.
㉢, ■=▲×1600

6 반비례 관계인 것을 찾아 기호를 쓰고, 관계식을 나타내시오.
㉠, ▲×■=40

7 넓이가 108 cm²인 평행사변형을 그릴 때, 밑변은 ▲ cm, 높이는 ■ cm입니다.
㉠과 ㉡에 알맞은 수의 합을 구하시오. 114

• ▲×■= ㉠
• 밑변이 18 cm이면 높이는 ㉡ cm가 됩니다.

8 수아는 일정한 빠르기로 한 시간에 4 km를 걸어갈 수 있습니다. 수아가 같은 빠르기로 2시간 30분을 걷는다면 몇 km를 갈 수 있는지 구하시오. 10 km

---

7 넓이가 108 cm²인 평행사변형을 그릴 때,
밑변이 ▲ cm, 높이 ■ cm

• (밑변)×(높이)=(평행사변형의 넓이)이므로

 ▲   ■   108

관계식: ▲×■=108
▲×■= ㉠ 에서 ㉠=108

• 밑변이 18 cm이면 높이는 ㉡ cm
▲=18   ■의 값 구하기

18×㉡=108
㉡=6

➡ ㉠+㉡=108+6=114

답 114

8 한 시간에 4 km를 걸어갈 수 있음
➡ ▲시간 동안 걸어간 거리를 ■ km라 하면

▲	l	2	3
■	4	8	12

관계식: ■=▲×4

같은 빠르기로 2시간 30분을 걸으면 몇 km를 갈까?
▲=2½   ■의 값 구하기

※ l시간은 60분이므로 2시간 30분은 $2\frac{30}{60}=2\frac{1}{2}$

➡ ■= 2½ ×4

$=\frac{5}{2}×4=10$

$=10$

답 10 km

4. 비례식

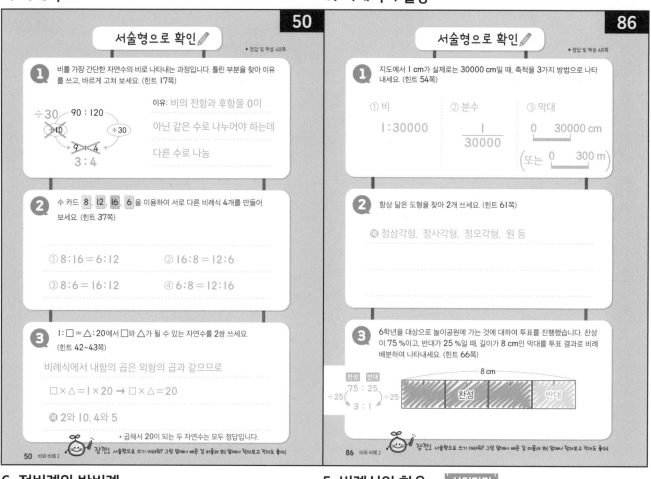

50

서술형으로 확인 ✏️

▶정답 및 해설 48쪽

① 비를 가장 간단한 자연수의 비로 나타내는 과정입니다. 틀린 부분을 찾아 이유를 쓰고, 바르게 고쳐 보세요. (힌트 17쪽)

이유: 비의 전항과 후항을 0이 아닌 같은 수로 나누어야 하는데 다른 수로 나눔

$$÷30 \quad 90:120$$
$$÷10 \qquad ÷30$$
$$9:4$$
$$3:4$$

② 수 카드 8, 12, 16, 6 을 이용하여 서로 다른 비례식 4개를 만들어 보세요. (힌트 37쪽)

① $8:16=6:12$ ② $16:8=12:6$

③ $8:6=16:12$ ④ $6:8=12:16$

③ $1:□=△:20$ 에서 □와 △가 될 수 있는 자연수를 2쌍 쓰세요. (힌트 42~43쪽)

비례식에서 내항의 곱은 외항의 곱과 같으므로

$□×△=1×20 → □×△=20$

예 2와 10, 4와 5

• 곱해서 20이 되는 두 자연수는 모두 정답입니다.

잠깐! 서술형으로 쓰기 어려워? 그럼 앞에서 배운 걸 떠올려 봐! 앞에서 찾아보고 적어도 좋아!

50 비와 비례 2

5. 비례식의 활용

86

서술형으로 확인 ✏️

▶정답 및 해설 48쪽

① 지도에서 1 cm가 실제로는 30000 cm일 때, 축척을 3가지 방법으로 나타내세요. (힌트 54쪽)

① 비	② 분수	③ 막대
$1:30000$	$\dfrac{1}{30000}$	0 ───── 30000 cm
		(또는 0 ───── 300 m)

② 항상 닮은 도형을 찾아 2개 쓰세요. (힌트 61쪽)

예 정삼각형, 정사각형, 정오각형, 원 등

③ 6학년을 대상으로 놀이공원에 가는 것에 대하여 투표를 진행했습니다. 찬성이 75 %이고, 반대가 25 %일 때, 길이가 8 cm인 막대를 투표 결과로 비례배분하여 나타내세요. (힌트 66쪽)

찬성 반대
$$÷25 \quad 75:25 \quad ÷25$$
$$3:1$$

8 cm
찬성 / 반대

잠깐! 서술형으로 쓰기 어려워? 그럼 앞에서 배운 걸 떠올려 봐! 앞에서 찾아보고 적어도 좋아!

86 비와 비례 2

6. 정비례와 반비례

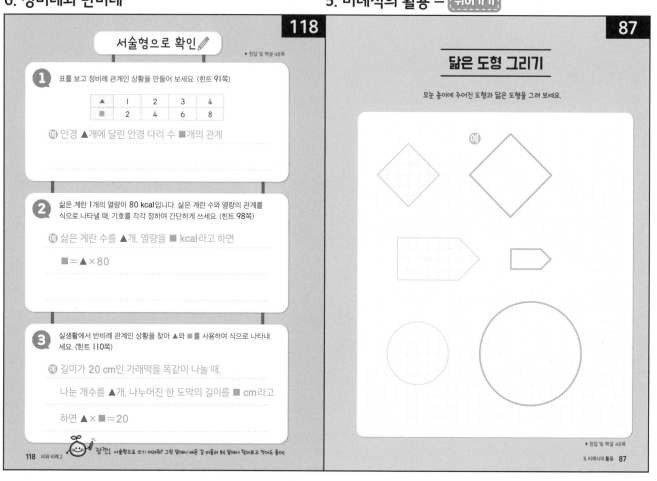

118

서술형으로 확인 ✏️

▶정답 및 해설 48쪽

① 표를 보고 정비례 관계인 상황을 만들어 보세요. (힌트 91쪽)

▲	1	2	3	4
■	2	4	6	8

예 안경 ▲개에 달린 안경 다리 수 ■개의 관계

② 삶은 계란 1개의 열량이 80 kcal입니다. 삶은 계란 수와 열량의 관계를 식으로 나타낼 때, 기호를 각각 정하여 간단하게 쓰세요. (힌트 98쪽)

예 삶은 계란 수를 ▲개, 열량을 ■ kcal라고 하면

$■=▲×80$

③ 실생활에서 반비례 관계인 상황을 찾아 ▲와 ■를 사용하여 식으로 나타내세요. (힌트 110쪽)

예 길이가 20 cm인 가래떡을 똑같이 나눌 때,

나눈 개수를 ▲개, 나누어진 한 도막의 길이를 ■ cm라고

하면 $▲×■=20$

잠깐! 서술형으로 쓰기 어려워? 그럼 앞에서 배운 걸 떠올려 봐! 앞에서 찾아보고 적어도 좋아!

118 비와 비례 2

5. 비례식의 활용 – 쉬어가기

87

닮은 도형 그리기

모눈 종이에 주어진 도형과 닮은 도형을 그려 보세요.

예

▶정답 및 해설 48쪽

5. 비례식의 활용 87